U0223069

◎主编 阮仪三

文化遗产保护与城市规划 丛书

张恺◎著

莎车古城

历史文化名城的保护与传承

东方出版中心

总 序

阮仪三

　　与东方出版中心合作多年，不知不觉，所编著作渐成体系。《遗珠拾粹》(二卷本)可以说是把十多年来历史城镇的踏勘成果汇集成册；《从上海到澳门》则是近几年来我的学术团队最有代表性的项目成果集萃，但是囿于篇幅所限，这些很好的案例只能点到为止，未能深入展开，有点遗憾；《新场古镇》则比较系统全面地介绍了上海浦东新场的保护规划与实施成效，当时就想这应该是个开始，以这样的模式选择典型的项目可以再形成一个系列。

　　2015年年底在东方出版中心戴欣倍编辑和上海同济城市规划设计研究院名城所林林博士的策划下，计划以我为主编形成"文化遗产保护与城市规划"丛书，把同济规划院关于城市遗产保护的典范案例推出一个系列，第一批有河北正定古城、新疆莎车古城、山东南阳古镇、河南开封古城。这些项目的负责人与著作者都是我的弟子，他们年轻且富有精力，从各个方面致力于城市遗产保护与规划；这些项目都取得了很好的成效，值得总结与推广，也展现出同济规划的特色，所以本书系的出版也得到了上海同济城市规划设计研究院的大力支持与资助。

　　2016年以来，中央对文物保护、城市规划建设管理工作作出了一系列的重要指示。习近平总书记就说过，历史文化是城市的灵魂，要像爱惜自己的生命一样保护好城市历史文化遗产。这让我们倍感振奋。大家可以看到，丛书的案例都是古城古镇，它们的保护与发展其实有着不同的路径，这是由于它们的价值特色、资源禀赋、实施条件各有不同，而保护规划正是基于这些条件而"量身定做"的。一个好的规划既要有远见，也要有实效；既要讲科学，也要有情怀。

正定是个非常有价值与特色的古城，城内有唐代开元寺钟楼、宋代隆兴寺等国家级文物保护单位，古塔古寺所构成的古城轮廓线非常优美，但是要把这个重要的历史景观保持下去非常不易，要对古城的整体格局与风貌以及古城周边的区域加以严格控制。河北省各级政府都非常重视正定古城的保护，近些年重点文物的修缮、主要街景的整治都在按规划有序进行，取得了不错的成效，希望能不断坚持下去。

莎车古城的保护规划是上海市援疆规划工作的重大项目，很有意义。新疆的大部分历史城镇不同于内地的古城古镇，具有浓郁的民族特色与风情，但是由于语言的差异，可供参考的汉语资料不多，这就要求规划人员对古城有充分的调研。上海同济城市规划设计研究院规划设计四所张恺所长带领的规划团队为此付出了大量的人力物力，掌握了宝贵的一手资料，而这正是一个好的保护规划所必须具备的条件与过程。

南阳古镇是我在带队调研大运河时发现的，然后为其作了保护规划。南阳是历史上著名的运河名镇，它的特殊之处在于不仅具有典型的运河文化，同时具有显著的湖岛文化，至今留存了古运河的遗构如南阳闸、建闸、康熙下榻处、御宴坊，还有当年的钱庄、清真寺、河神庙等。南阳古镇就像是镶嵌在大运河、微山湖内的一颗璀璨明珠，至今进出古镇依然要依靠船只作为唯一的交通工具。古镇的历史遗存比较丰富，按照保护规划实施以后有明显的实效，可惜还是知名度不够。南阳古镇并不比台儿庄差，已建有湖光潋滟的宾馆，真可以去观赏、休闲。

至于开封古城，从北宋东京城也就是今天的开封城开始，城市格局打破了封闭的里坊制，而变成街道两侧出现商业的街坊制，这在中国城市建设史上具有划时代的意义。开封古城的格局保存至今还算比较完整，城市中轴线千年以来也没有变过。上海同济城市规划设计研究院规划设计五所与名城所合作为开封古城作过很多规划，从宋城保护复兴规划到古城区控制性详细规划，再到双龙巷历史文化街区的保护规划，为开封古城的保护奠定了良好的基础。按照这些规划，近些年古城内历史水系的恢复、历史街区的整治都陆续进行，取得了不同以往的成效，古城保护大有可为。

是为序。

发现莎车

（前言）

    位于我国南疆的莎车古城是古丝绸之路南道上的重镇，也是新疆维吾尔自治区级历史文化名城。莎车古城是典型的维吾尔族聚居区，地域特色浓厚，文化遗存、历史沿革、城镇空间、民居建筑均可圈可点。然而，有关莎车古城历史文化遗产的论著却十分有限，原因很多，地域文化的特殊性和语言的障碍会影响大多数学者对古城的研究，并对现场调研带来不小的挑战。另外，不同于大多数中原地区的古城，历史记录往往基本连续地贯穿于各个重要历史时期，莎车古城的历史资料则是片段化的，时有时无。即便在有限的历史资料中，城市发展的记述也大多有关军事、宗教和政治事件，对城镇演变本身的记录则非常粗浅概略。

    在这些制约因素下，如果不是借着编制《莎车历史文化名城保护规划》的机缘，本书的形成是难以实现的。《莎车历史文化名城保护规划》是上海市援疆规划工作的一项重大项目，于2013年3月启动编制工作，历时两年半完成。受制于历史资料的匮乏，我们通过对有限的历史地图的深入解读，结合地方志、历史著作、学术书籍，甚至是西方探险家的探险手记，筛选出其中历史依据较为充分的部分，这成为研究莎车城镇空间演变的重要手段。当然更为关键的是现场的调研工作，上海联合规划团队在上海援疆指挥部、莎车县各级组织、新疆大学等各方面的帮助下，多次深入社区和住户，共完成古城内三个历史文化街区1907户的建筑入户调研，形成了涉及2719户的调研统计报告，并进行了一系列的居民访谈和古建筑测绘，获得了大量珍贵的一手资料。正是在这些基础研究和数据不断积累的过程中，我们对莎车古城从陌生到了解，进而对其历史文化和传统生活产生浓厚的兴趣，不断地在各种文献中寻找关于莎车古老历史的蛛丝马迹。这一过程既艰辛又充实，既充满挑战又富有启迪。

莎车古城的城址在历史上几经变迁，并在叶尔羌汗国之后逐渐稳定下来，形成了以"回城"和"汉城"构成的双城城址结构。在莎车，人们习惯性地将"回城"称为"老城"，将"汉城"称为"新城"，本书中也沿用了这种习惯性的称谓。由于"汉城"已基本为现代城市建设所覆盖，因而本书主要聚焦于历史遗存丰富的"回城"，也就是"莎车老城"。

去到莎车已有十多次了，但每一次造访仍会给我们带来不期而遇的惊喜，为莎车古城这块神秘的拼图补上一角。至今这块拼图仍有许多的空白，我们将已有的感知与大家分享，希望此书能够激发起更多人对这座丝路古城继续探索的兴趣。

目录

第一章

老城掠影

　　莎车古城位于新疆维吾尔自治区西南部喀什地区，地处昆仑山西北麓、塔里木盆地西南缘、叶尔羌河冲积扇地带。东南以叶尔羌河为界，与叶城、泽普隔岸相望，东北与麦盖提县为邻，北靠巴楚县、岳普湖县、疏勒县，西与英吉沙、阿克陶县毗邻，西南与塔什库尔干县相接。距离乌鲁木齐 1666 公里，距离北京的直线距离为 4100公里，距离上海的直线距离为 5000 公里。

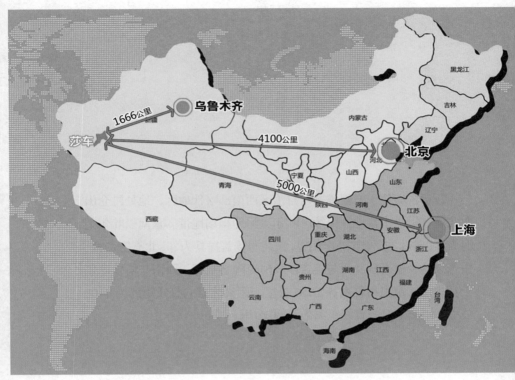

莎车古城地理位置

一、莎车人

莎车在人口数量上是一个以维吾尔族为主体民族的人口大县，2015年总人口约为86万，其中维吾尔族人口约占95％。远在距今3000多年前的西周时期，莎车就已是西域闻名遐迩的部落国。公元前138年，张骞奉命出使西域，发现当时在新疆境内的西域36国，莎车就是其中人口过万的城郭之国。据《莎车县志》记载，西汉时，西域36国总人口287790人，莎车国人口16731人，占5.8％。至今，莎车仍然沿用着汉代的地名，老城的面积超过2平方公里，甚至比著名的喀什老城还要大。

莎车所独有的地理与生态环境促成了其多元、包容的文化特性，特别在其鼎盛的叶尔羌汗国时期，莎车是叶尔羌汗国的政治、经济和文化中心。清嘉庆年间，南疆总人口256360人，叶尔羌65495人，占到了25.5％。由于经济的复苏、商贸活动的繁荣，对印度、伊朗和阿富汗、中原文化兼容并包，莎车在整个历史发展的进程中，不断融入新的元素，并形成了自己独特的文化。今天的莎车在人口上以维吾尔族为主体，同时还有汉、塔吉克、回、乌孜别克、柯尔克孜等多种民族，在莎车古城里今天还能找到叶尔羌汗国时期的中亚移民后裔。

巴扎日文化公园内跳舞的老人

巴扎日文化公园内自发的艺术表演和观众

老城的孩子们

左图：戈尔巴格路手工艺一条街的食品铺

右图：戈尔巴格路手工艺一条街的被服铺

莎车老城街巷

二、老城核心社区调查

认识和理解一座古城，除了了解它的建筑、街道，更为重要的是了解它的居民和他们的生活，尤其是对莎车这样一座地域文化比较特殊的古城而言更是如此。

莎车老城是典型的维吾尔族社区，受制于语言的障碍以及对地域文化的有限认识，前期研究的开展难以入手，困难重重。幸运的是，为配合莎车老城区改造，2014—2015年，莎车县政府组织开展了覆盖整个老城区的《莎车县居民住房情况摸底调查表》工作，共完成了87个社区全覆盖的摸底调查工作，调查的内容主要包括房屋的居住人口、产权情况、建筑情况等基本信息。其中包含了莎车老城最为核心的三个社区，分别为：戈尔巴格社区、铁木尔胡加社区和加米阿勒迪社区，共涉及2719户居民。

同时，为配合编制《莎车历史文化名城保护规划》，规划项目组对莎车三片历史文化街区进行了抽样问卷调查。在社区干部的协助下，共发放问卷286份，主要就居民的民生诉求、对于街区保护和更新的意愿等进行调查。为全面了解建筑的现状情况，项目组还完成了老城三个历史文化街区内1907户的入户建筑调查，对每户建筑进行建档，并对其中风貌特别突出的进行测绘，取得了大量珍贵的一手资料。

由于有幸得到了上述这些比较真实的一手数据，我们对于莎车老城区的居住情况得以形成基本的判断，并通过统计分析，整理出《莎车县历史城区戈尔巴格社区、铁木尔胡加社区、加米阿勒迪社区人口、住房与居民意愿调研统计报告》。这里选取一些重要的结论，以帮助读者对于这座南疆古城形成一个初步的认识。调查工作中，由于统计的口径为户籍人口，因而对于外来人口、人户分离等情况，还需要通过进一步的社会调查进行细化。

丹达尔社区

国王陵历史文化街区

戈尔巴格社区

奥尔达库勒历史文化街区

铁木尔胡加社区

加满清真寺历史文化街区

巴格恰阿勒迪社区

加米阿勒迪社区

霍加明墩社区

巴格买勒社区

社区边
街区边

莎车老城核心社区及历史文化街区

莎车老城鸟瞰

1. 住房面积

（1）维吾尔族的宗族观念很强，传统民居世代相传，一户民居就是一部家族的繁衍、生息史。随着人口的增加，常常在原宅地上分户、加建。由于莎车的宅地面积比较宽松，目前还没有因分户而出现建设过于密集的情况，大多数民居建筑仍以一层平房为主。

（2）老城三个社区的占地面积存在着比较大的差异。例如，戈尔巴格社区的户均占地面积明显低于另外两个社区，这与该社区外来人口及中青年人口比例较高有关。而占地面积超过150平方米的情况，在铁木尔胡加社区最为明显，这与该社区有大量世袭家族有关。

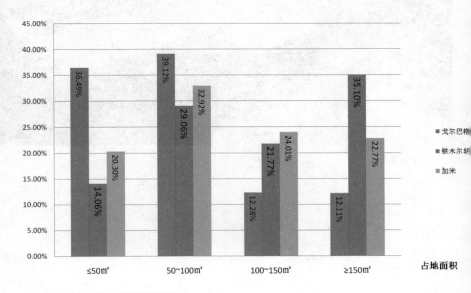

三个社区户均占地面积情况

2. 住房来源

（1）三个社区的住房绝大多数为私有产权，主要的来源为继承和购买。

（2）铁木尔胡加社区所在的奥尔达库勒历史文化街区是莎车最具代表性的原生态居住社区，住房来源中继承的比例高达55%，而近年自建的房屋极少。

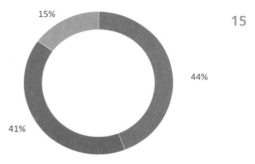

右图：住房来源情况

下图：古老的铁木尔胡加社区

3. 人口特征

（1）三个社区的绝大多数居民为维吾尔族人，本地户口占比高达96.4%。

（2）三个社区的多数家庭已经在莎车居住了30年以上，比例高达59.5%。

（3）总体而言，社区内居民各年龄阶段的分布比较均衡，且社区的老龄化水平并不高，60岁以上的人口比例整体仅占5.7%。戈尔巴格社区的居民年龄要比另两个社区偏低，该社区靠近莎车手工艺一条街，有大量的经商人群。

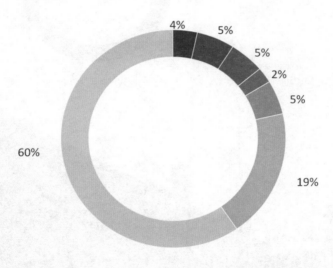

居民在本社区居住时间情况

4. 就业、收入及教育水平

（1）三个社区有近一半的家庭为低保户，失业及不工作的比例高达22.7%，这是莎车老城一个比较明显的民生问题。

（2）与之相关的是，社区居民受教育情况普遍偏低，初中及以下教育水平的比例高达63.4%。

（3）排前三位的就业情况分别为在职、经商和手工艺制作。

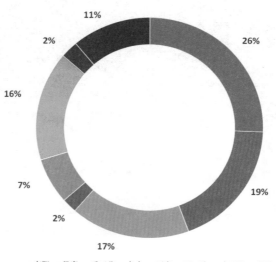

居民就业情况

传统手工艺制作仍然是莎车老城居民一种重要的就业方式

5. 建筑年代和结构

（1）三个社区的住宅建筑大多数为1990年以后建造，其中2001年以后建造的比例高达62.34%。

（2）建筑结构大多数为砖木结构，占75.2%；社区内仍有17.14%的住房为土木结构建筑。

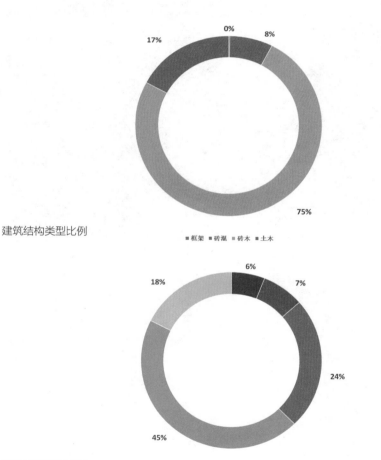

建筑结构类型比例

■框架 ■砖混 ■砖木 ■土木

建筑建造年代比例

■1980年以前 ■1981~1990年 ■1991~2000年 ■2001~2010年 ■2011年以后

这幢建筑建于20世纪90年代，仍不失为莎车老城传统民居建筑的典范

6. 改造意愿

（1）绝大多数居民希望原地改造，2677个有效数据中仅78户居民希望异地安置，比例不到3%。

（2）对于改造方式，希望通过拆除重建的比例是43.05%，另外，有35.94%的居民选择保持外观、对内部进行改造的方式。

（3）大多数居民能接受传统与现代融合的建筑风格。

（4）大多数居民不排斥发展旅游，赞成的占比为79%。

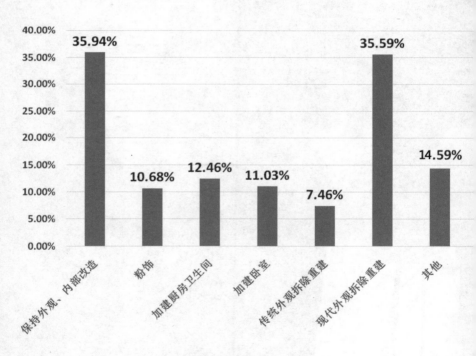

居民对住房改造方式的意愿

7. 对公共空间及设施的诉求

（1）虽然有大量曲折窄小的巷道，仍有74.02%的居民认为老城区的交通较为便利，慢行交通仍然是主要的交通方式。

（2）在对社区设施的诉求上，比例超过80%的三项分别为：绿化与广场、社区服务设施和管线设施。

（3）院落是维吾尔族传统的家庭起居中心，同时也是非常重要的邻里交往场所，仅次于街道，占第三位的交往场所是清真寺。

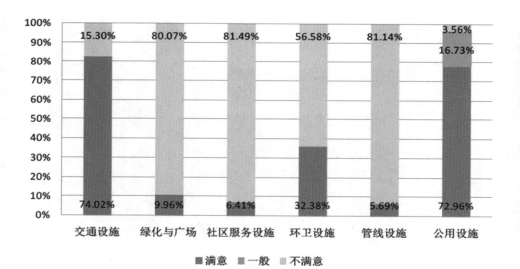

市政、公共服务设施满意度调查表

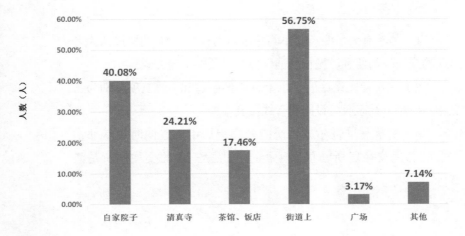

居民交往场所类型

院落不仅是维吾尔族居民家庭起居中心，也是重要的邻里交往场所

第二章

丝路古城

　　莎车是古丝绸之路南道上的商贸重镇，四方商人云集，市井买卖繁荣。汉代西域36国之一的莎车古国，距今已有两千多年的历史。在叶尔羌汗国时期，莎车是新疆乃至中亚东部地区的政治、经济和文化中心，现存文物古迹最为集中。融音乐、舞蹈、诗歌、戏剧和文学为一体的大型古典音乐套曲"十二木卡姆"，作为世界口头和非物质文化遗产代表作，不仅是莎车古城文化的杰出代表，同时也对维吾尔族传统文化的形成发展产生了重大影响。

一、曾经的绿洲古国

1. 大漠绿洲、丝路重镇

大漠绿洲

新疆地处我国遥远的西部边陲，整个新疆维吾尔自治区土地面积达到166万平方公里，其中的绿洲面积仅占3%～5%，它是新疆各族人民世代劳动生息的场所。在广阔无垠的大漠戈壁，只要有水的地方，就是一片绿洲。城镇与乡村之间被沙漠和戈壁隔开，形成了相对封闭的环境，也使得新疆的地域文化特点始终较为稳定地保持和传承下来。大漠绿洲本身是一个动态、开放、不稳定的生态系统，具有自组织和自适应的特征，生态优先，趋利避害。但绿洲城镇则是一个内向封闭、相对稳定的单元，其选址、初始结构的形成以及最终的消亡都受到水源的巨大影响，发展过程中则较少受到外部因素的干扰。

塔里木河，丝绸之路依它开通，希腊、波斯、埃及、印度与华夏五大文明在此交汇，孕育了罗布泊三大文化中心：于阗、龟兹和楼兰。塔里木河是中国第一大内流河，全长2179公里。它的三大源头包括：发源于天山的阿克苏河，发源于喀喇昆仑山的叶尔羌河、和田河。其中，叶尔羌河是塔里木河源头最大的内陆河（叶尔羌，维吾尔语意为"土地宽广的地方"）。叶尔羌河全长970公里，流域灌区总面

叶尔羌河

积达16042平方公里，使得叶尔羌绿洲成为新疆最大的绿洲之一。叶尔羌河流经莎车、泽普、麦盖提等城镇，从而使得这一片区成为南疆人口最为密集的地区。莎车境内受叶尔羌河的馈赠，地势平坦，土地肥沃，自古为繁盛的绿洲城市。

绿洲城镇的地理分布表现出"逐水土而发育，随井渠而扩展，环盆地而展布，沿山前而盘踞"的特点。以莎车为例，叶尔羌河从南至北贯穿面积达9000平方公里的莎车全域，在缺乏人工灌溉设施之前，水量较大的地方形成天然草湖，并在周边形成了较为密集的居民点。随着商贸的发展并受到交通干线的影响，城镇开始出现带状、串珠状分布，表现出一定的层次性。其后人们利用天然的草湖建造人工水库，从主要河流引水修建水渠，城镇和灌溉区的用地基本稳定下来，在长期适应自然的过程中，形成了以水系为依托，以农田和林网为基底的绿洲城市生态肌理。

距莎车古城西南60公里的喀群乡其木都村，是坐落于叶尔羌河畔的一处古村落，也是沙漠绿洲村落的典型代表。古树、古渠、古道、古屋，展现了绿洲聚落的形成过程。

莎车古城东方红水库湿地公园

喀群乡其木都村

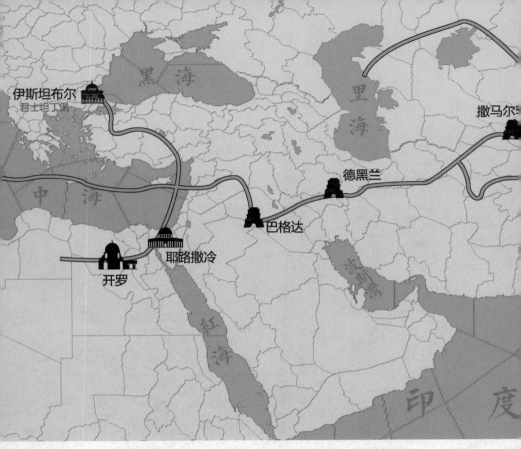

丝绸之路示意图

丝路重镇

公元前138年，张骞奉命出使西域，发现当时新疆境内的西域36国。与其说是国，不如说是绿洲中的小城邦，它们大多只有几千人口，不足千人的也有7国。《汉书》中记载，同在丝绸之路南道上的若羌，西汉时人口1750余人；皮山，人口3500余人。人口过万的则是比较重要的城郭之国，例如楼兰，14100人；疏勒，18647人；焉耆，32100人；高昌，37000余人；于阗，19000余人；莎车，16731人。西域36国中最大的绿洲是龟兹，人口达81317人。由于其地处通往中亚草原的咽喉要道，在西域各绿洲中是最早在中国的正

史中出现的。汉代时的莎车古城，也就是乌铢古城遗址，位于莎车县喀群乡恰木沙尔，距莎车县城65公里，毁于唐代水灾，现可看到墙基，城边有汉唐以来的墓葬群，曾出土两口唐代彩棺。

在丝绸之路南道上，楼兰是经常被提到的汉代古国，主要的原因是这里曾经有大量汉代的古城遗址、佛教遗迹和文书出土，为研究当时的风土人情提供了重要的线索。莎车也有古文书被发现，这批文书是以阿拉伯文和回鹘文写成的契约文书，但一是数量少，迄今有记载的发现不到20件，二是年代上均在11～12世纪的喀拉汗王朝时期，已是在伊斯兰教成为南疆的主要宗教之后了。虽然有关汉代莎车的记载较少，但是莎车是西域36国中至今仍然沿用汉代地名的少数几个绿洲之一①，莎车古城的城址虽然也几经变迁，但是莎车绿洲受到叶尔羌河的滋养，今天依然生机勃勃。

莎车远在商汤时期就已开始与中原保持联系，曾进献白玉、野马等物。西汉时期，莎车是古丝绸之路南道上的要冲重镇，东连于阗，西通波斯，南下印度，北至喀什。古丝绸之路在新疆境内分为南道和北道，其中，丝绸之路南道东起阳关，沿塔克拉玛干南缘，经若羌、和田、莎车等越葱岭，远至伊朗、埃及或印度。公元500年之后，丝路南道逐渐被弃用，更多的旅行者选择经过高昌的丝路北道，其中就包括去往印度的大唐僧人玄奘。

莎车在两汉时期是丝绸之路南道上的大国，汉武帝开拓西域之后，即归西域都护府辖制。西汉末年，西域动荡，丝绸之路各国大都背叛汉朝，归属匈奴，唯莎车国王康坚持属汉。东汉初，康与邻国抵抗匈奴进攻，保护汉朝都护及其他官吏、家属千余口。东汉建武五年（公元29年），河西大将军窦融按西汉制度立康为莎车王，封为建功怀德王、西域大都尉。东汉永平三年（公元60年），于阗背叛莎车，莎车灭，后又复国。汉元和三年（公元86年），西域长史班超发西域各国兵攻莎车，莎车降汉。北魏时，莎车改名为渠莎，但国势已大衰，后并于疏勒。一直要到1514年萨亦德汗在原察合台汗国的旧地上建立叶尔羌汗国，莎车才重新回到人们的视野。

"丝绸之路"一词是德国地理学家李希霍芬男爵在1877年提出的，而人类在这条欧亚大通道上的活动，最早的证据来自公元前1200年，在河南安阳的商代墓葬中发现的和田玉。在李希霍芬所描画的地图上，中国与罗马时代的欧洲之间是一条笔直的大道，但事实上，考古发掘从来没有发现过一条有明确标识的、横跨欧亚的路。由于地貌、气候的变化，特别是沙漠范围的变化，丝绸之路是由一系列

---

① 汉代西域36国中，今天仍然沿用古名的县有：若羌、且末、皮山、焉耆、莎车。

不断变动的小路甚至是足迹连接而成的。这些小路在绿洲城市中交会，但丝路贸易常常规模不大，很少有人会从长安穿越整个中亚一直走到撒马尔罕，大多数商队只是做短线贸易。芮乐伟·韩森在《丝绸之路新史》中，通过对出土文书的研究，提出丝绸之路曾是人类历史上交通流量较少的道路之一，丝绸之路之所以改变历史，很大程度上是因为在丝绸之路上穿行的人们把各自的文化沿路传播，并在丝路上落户与当地文化融合。因而丝绸之路的伟大意义并非在于其商业贸易的规模，而在于其在历史长河中对人类文明不间断的推动作用，它是东西方宗教、艺术、语言和新技术交流的大动脉。

2. 叶尔羌汗国

明清时期，莎车成为叶尔羌汗国的都城，掀开了其历史上最为辉煌的一页。叶尔羌汗国（1514—1680年），由东察合台汗国秃黑鲁·帖木儿汗后裔萨亦德汗创建。叶尔羌汗国辖地为"阿尔蒂沙尔"（即六城：喀什噶尔、叶尔羌、于阗、英吉莎、阿克苏、乌什），盛时包括吐鲁番、焉耆和费尔干纳。从1514年建国到1680年为准噶尔所灭，历时166年。都城设在叶尔羌城，也就是今天的莎车古城。

叶尔羌汗国疆域在历史鼎盛时，东面到嘉峪关，南面到西藏，西南至克什米尔，西面与蒙兀儿帝国为邻，与乌兹别克以费尔干纳谷地为界，北面则以天山为界，与哈萨克相邻。这一时期政治稳定，绿洲农业得到了恢复与发展，叶尔羌城、喀什噶尔、和田、阿克苏等也重新拓展成为商贸繁荣的城市。叶尔羌汗国一度成为新疆，乃至中亚的政治经济中心，成为维吾尔文化的主流地区。之后，文化艺术也达到了顶峰，维吾尔传统艺术十二木卡姆在热西提汗时期由王妃阿曼尼莎罕主持整理成形，成为一个体系。也是在这一时期，叶尔羌城的双城结构形成，奠定了今天莎车的城市结构。

叶尔羌汗国王陵：汗国的记忆

　　叶尔羌汗国王陵位于莎车老城的阿勒屯路东侧，由清真寺、阿曼尼莎罕纪念陵、王陵墓区三个部分组成，是第六批全国重点文物保护单位。其中，清真寺由门楼、礼拜殿组成，建筑风格独特，具有很高的伊斯兰建筑艺术价值。墓区位于寺的东部，由大小二三十座墓冢组成，这里葬有叶尔羌汗国的几位汗王。

　　叶尔羌汗国王陵最早是在明朝嘉靖十一年（1533年），为安葬叶尔羌汗国的第一代国王萨亦德而修建的。自此以后，叶尔羌王国历代汗王阿不都热西提汗、穆罕默德汗和他们的子孙等王室成员，以及著名的木卡姆大师、王妃阿曼尼莎罕均葬于此地。

阿勒屯清真寺内景

王陵墓区（上图）和阿曼尼莎罕纪念陵（下图）

阿孜那清真寺：古老的计时方法

阿孜那清真寺位于莎车老城的东侧边缘，目前已残破不堪，但它无疑是莎车伊斯兰建筑中的瑰宝，是一座不可多得的生土结构清真寺。阿孜那清真寺建于米尔兹·阿伯克汗时期（1470—1514年），其建造模仿中亚14—15世纪的大型清真寺形制，如撒马尔罕的比比–哈内清真寺①，但规模要小得多。清真寺为土木结构，由52个连续的"拱拜孜"组成，形成"回"字形的结构，可以同时容纳5000人做礼拜。中间的"拱拜孜"顶部直径有6米，高度达15米，完全由生土砌筑而成。在没有计时工具的年代，清真寺的建造者巧妙地运用一天中不同时间光线在墙上的投影，确定礼拜的时间。

阿孜那清真寺入口

---

① 公元1370—1405年帖木儿建都在撒马尔罕，建起许多恢弘壮观、富丽堂皇的大清真寺、经学院和陵墓群。其中的比比哈内清真寺是中亚最杰出的伊斯兰建筑，落成之时，曾被誉为伊斯兰世界最大、最美的清真寺。建造该寺的工匠技师来自波斯、印度、巴库、中国和中亚各地，使该寺展示出异彩纷呈的建筑风格与特色。

阿孜那清真寺拱形回廊

阿孜那清真寺内院

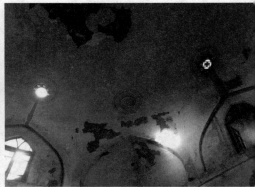

阿孜那清真寺的52个拱顶，以及利用光影的计时方法

阿孜那清真寺拱形回廊，对比2008年拍摄的照片（左图），檐廊现已完全坍塌

侧礼拜殿

回廊(已坍塌)

礼拜殿

门殿

内庭院

回廊(已坍塌)

侧礼拜殿

阿孜那清真寺平面图、立面图、剖面图

白依斯阿克木伯克麻扎：精美的琉璃花砖

麻扎，阿拉伯语音译，意为陵墓或晋谒之处①。这是莎车地方官员白依斯阿克木伯克的陵墓，建于1816年，为自治区级文物保护单位。白依斯阿克木伯克麻扎是莎车纪念陵建筑的代表作，方基圆顶、土木结构，琉璃砖外墙装饰，内部雕饰、壁画十分讲究，壁画以花草植物图案和几何图案为主。墙壁上刻有各种美术体书法，表明当时的书法艺术已有较高的水平。墓室的外墙全部用白底蓝花的琉璃砖装饰，纹样达20余种，至今仍色泽如故。因设计、施工精美，所以又有"金麻扎"之誉。

琉璃花砖是维吾尔传统的建筑装饰形式，以绿蓝色调为多，也有紫、白、黄等颜色，华丽中不失庄重。在图案上以花卉植物为主，有巴旦木、葡萄、石榴、无花果、波斯菊、西番莲（大丽

白依斯阿克木伯克麻扎的琉璃砖立面

---

① 麻扎是新疆穆斯林中实行的一种特殊墓葬制度，具有浓厚的地方特色。一般墓室四周竖有许多长木杆，用作挂布条、马尾、羊皮、羊角、牛尾等物。麻扎多为庭院式建筑，有圆拱形顶部的高大墓室，以及礼拜殿、塔楼和习经堂等附属建筑，并拥有大量土地、房屋、商铺等产业。

菊）、麦穗、棉花及植物的藤、蔓、芽等。作为外墙装饰，坚固且防腐蚀，在阳光下熠熠生辉，与周围环境形成鲜明对比。白依斯阿克木伯克麻扎所用琉璃花砖采用与喀什香妃墓类似的工艺，也有说香妃墓的琉璃砖产自莎车。

白依斯阿克木伯克麻扎平面图、立面图、剖面图

喀什香妃墓外墙及其琉璃砖工艺

"小布哈拉"，是瑞典东方学家贡纳尔·雅林对叶尔羌的印象。他在《重返喀什噶尔》一书中说，"叶尔羌城因其纺织品、刺绣和地毯而闻名中亚，它的名气还由于靠近印度和富有得到加强。在明清时期叶尔羌的巴扎上，常能遇到印度人、阿拉伯人、阿富汗人、布哈拉人、安集延人、克什米尔人，俨然一个小型的国际都会。"据记载，明代叶尔羌汗国时期，莎车有商户1400户，盛产毡、毯、刀、矛、套具、鞋帽等物品。

以上这些虽然描述的是300多年前叶尔羌国时期的莎车景象，但直到今天，我们仍然能够在老城看到自那时起从丝路上定居下来的伊朗、巴基斯坦、乌兹别克、印度等中亚、南亚移民。经过世代繁衍，他们今天已然成了莎车老城的原住居民。

3. 多元之都

在文化关系上，莎车位于从中国到中亚和南亚各国的通道上，历史上始终处于多种文化圈交汇的地带，使得不同来源的文化在这里汇集，沉淀形成莎车开放、多元、包容的人文性格，以至在一个房间里，都会看到来自不同地域的建筑装饰。这也使得莎车的历史文化遗产不论在类型广度还是时间跨度上都极为丰富。

在丝绸之路沿线的城镇中，多元、包容的特点并不是莎车所独有的。丝绸之路中国新疆这一段，按照探险家斯坦因的话，是"印度、中国和希腊化的西亚早期文明交流的孔道"。生活在丝绸之路上以及行走于其间的人们，对于宗教信仰在文明之间的传播、传译和变化起到了至关重要的作用。在伊斯兰教传入这个地区之前，不同族群的人们对于彼此的信仰是异常包容的。最能反映丝路国际化的历史佐证是敦煌藏经洞发现的四万余件文书，这里是丝绸之路上保存文书最多的地方，其中发现了佛教、摩尼教、祆教、犹太教、景教等各种宗教的文献，用汉语、藏语、梵语、于阗语、回鹘语和粟特语等各种语言写成。

多元宗教

新疆是佛教东传进入中国的第一站。汉代，作为丝绸之路南道的重镇，莎车盛传佛教，至隋唐时期，莎车人仍笃信佛教。虽然在莎车没有太多的佐证，但从莎车东部的于阗、楼兰，西邻的疏勒、龟兹等地佛教昌盛的情景，可知当时莎车一带佛教曾经非常兴盛。根据《莎车县志》记载，东晋大兴二年（319年），高僧法显赴天竺，途经莎车。唐贞观十七年（643年），玄奘从印度起程返国，途经斫句迦（即朱具婆，其境包括今莎车部分地方），言其地"颇以耕植，葡萄、梨、柰，其果实繁"。玄奘讲经的朱具婆佛塔，至今仍然留有12米高的土台遗迹，位于莎车老城东侧城墙遗址边。

公元10世纪，伊斯兰教由伊朗经中亚传入新疆南部地区时，经喀什噶尔传入莎车。喀喇汗王朝著名的可汗萨可图·布格拉汗第一个信奉伊斯兰教，至公元11世纪，伊斯兰教在莎车确立主导地位。莎车现存的加满清真寺、阿孜那清真寺内部装饰及彩绘上，都有伊斯兰文化和佛教文化交融的体现。

随着不同地区移民的迁入，唐代至元代，莎车境内也曾流传过祆教、萨满教、摩尼教、景教等其他宗教，但都未能居主导地位。公元13世纪，马可波罗途经叶尔羌时，城里仍有信仰基督教的，并建有教堂。据《新疆图志》记载，清末莎车县城仍有耶稣教堂。清代以来，随着民族迁徙，也带来了其他宗教，例如莎车县居住的满族信奉萨满教，蒙古族多信仰喇嘛教。

朱具婆佛塔遗址

多元民族

莎车自古就是多民族聚居的地区。19世纪末出土的莎车文书证实，喀喇汗王朝时期的主体民族是样磨、葛逻禄和回鹘。此外还有汉、塔吉克、羯叉、犹太、杰特、萨曼、阿拉伯、泰伯里人。各民族在漫长的历史进程中，逐步形成以维吾尔族为主体的多民族聚居区。今天，除维吾尔族外，居住在这里的还有汉、哈萨克、回、柯尔克孜、塔吉克、乌兹别克、塔塔尔、满、东乡、壮、苗、朝鲜、布依、土家等21个民族。

据记载，居住在莎车老城的塔吉克人，有一部分来自巴基斯坦，也有一部分来自阿富汗，他们在莎车定居已有400多年历史。从公元17世纪起，乌兹别克商人从中亚的安集延（现属乌兹别克斯坦）带着丝绸、茶叶、陶瓷制品、皮革等特产到叶尔羌河流域做生意，有些人便逐渐在莎车定居下来。从清代开始，分别有6批回族人来莎车定居。

有大量的历史文献可以证明莎车的多民族历史。公元9世纪维吾尔著名历史学家毛拉·穆萨·赛拉米在其《安宁史》和《伊米德史》中，关于当时的叶尔羌这样写道："叶尔羌是一个从克什米尔、印度、阿富汗、巴达克山等地来的外地人多居住的城市。"1900—1901年间，英国人马克·奥里尔·斯坦因在新疆作了较广泛的考古调查，搜集了有关当地人各种风俗习惯的珍贵信息。关于叶尔羌，他写道："请您相信，叶尔羌是一个具有杂居人口特点的地方。这个地方的侨民来自瓦汉、什格南、巴达克山以及西伊朗语地区，从克什米尔和拉达克来的最多，甚至从很小的巴尔提斯坦来这里的也有一部分外地人。……在接待每个团时，我觉得自己好像又一次来到了印度及其边境地区。……这些人不从自己的故乡带来老婆，与当地妇女结婚，结果到第二代、第三代时，祖先的语言也就消失了。"这些来自中亚、南亚的富有商人，在靠近巴扎的地方定居下来，也就是在今天莎车老城文化公园附近的奥尔达库勒街区。这些家庭的富足，使得在这个街区的民居建筑维护特别频繁，从而形成了莎车老城传统风貌最为完整的区域。

加满清真寺：莎车多元文化的见证

加满清真寺是莎车多元文化最为杰出的代表。它最早修建于萨亦德汗王朝初期，于1638—1669年进行了扩建，并正式取名为加满清真寺。1734年进行了较大的维修，之后又进行了两次扩建，形成了今天的规模。清真寺的房顶由梁柱隔成棋盘形状，正方形的图形被划分为若干个片。整个大殿用136根柱子支撑，宽6个方格，长15个方格，共组成90个方格。佛教文化的痕迹，大量出现在这座伊斯兰建筑的重要部位。

加满清真寺外观（左图）及局部（右图）

加满清真寺内部建筑装饰组图

4. 艺术之都

16世纪，察合台文化在叶尔羌汗国得到进一步发展，开创了以叶尔羌、喀什噶尔为中心的文学繁荣时期。在长达160多年的叶尔羌汗国时期，莎车是新疆和中亚地区的政治、经济、文化、艺术中心。这一时期扩建了经学院，办起了高等学府，新建了汗国图书馆，莎车成为中亚地区令人心驰神往的艺术之都、诗人之城。

文学和诗歌

叶尔羌汗国时期，随着经济的恢复发展，文学创作也开始繁荣。这一时期的文学发展大致分为两个阶段。第一阶段从萨亦德汗到克里木汗差不多整个16世纪，文学创作的特点是比较自由、思想活跃，题材以爱情、道德、知识和美好的事物为主。形式和手法也比较多样化、形象化，宫廷文学占有显著地位。第二阶段是17世纪以后，随着和卓①地位的上升，对世俗生活和文化领域的控制逐渐加强，宣扬神秘主义、圣徒崇拜、巡视主义的苏非文学开始蔓延。同时，针对这股文学中的逆流，揭露苏非们的虚伪、贪婪，申张正义的文化作品，也以各种形式有所表现，在内容上开始具有人民性。

此外，宫廷上层的文化生活丰富多彩，叶尔羌城集中了不少诗人及各色艺人，歌舞宴乐，吟诗作文，常常通宵达旦。统治者也十分精于此道。当时诗歌创作备受青睐，统治阶级中一些代表人物都喜欢写诗，并在交际场合中用诗来表达自己的情感和意愿，诗多用突厥文写成。《赖失德史》记载萨亦德汗"诗雄劲有力，也是罕见的。他做诗决不暗自吟诵，而是在集会或庆典上朗诵；如果旁边打开一本诗集，并给他规定了韵脚，他可以即席成吟"。第二代汗王

---

① 是波斯语的译音，本是穆斯林对伊斯兰教始祖罕默德后裔和伊斯兰教学者的尊称。新疆伊斯兰教封建上层人物也自称"和卓"。

阿不都热西提汗则更是酷爱艺术，是一位多才多艺的诗人、音乐家和书法家。"他那高雅的谈吐，宛如绝世无双的明珠。对于某几种乐器他是技艺娴熟，对于所有的艺术和工艺都卓具才能"。可惜叶尔羌汗国虽然诗歌创作盛行，却没有完整的诗集流传下来，保存下来的诗歌散见于各史籍或者十二木卡姆的歌词中。

纳瓦依，15世纪划时代的维吾尔族诗人、学者、思想家、社会活动家，生于当时帖木儿王朝的首府赫拉特城（位于今阿富汗西北部）。他是阿不都热西提汗时期的宫廷首席乐师玉素甫·喀迪尔汗的偶像，而正是喀迪尔汗和王妃阿曼尼莎罕整理了十二套木卡姆。纳瓦依是他的笔名，意为"曲调、鸣啭"。在《十二木卡姆》歌词中，有39种曲调是以纳瓦依的格则勒、柔巴依、断诗为歌词进行演唱的，总共90多首抒情诗。

维吾尔十二木卡姆

① 木卡姆的发展历史

"木卡姆"是中华民族灿烂文化宝库中的一块瑰宝，是一部用音乐语言叙述维吾尔人民生活的文化艺术百科全书。它巧妙地运用音乐、文学、舞蹈、戏剧等各类艺术形式，表现了维吾尔人民绚丽的生活、高尚的情操、崇高的理想与追求，以及当时历史环境中维吾尔人民的喜怒哀乐。音乐的表现既具有抒情性与叙事性，也具有音乐与诗歌和谐统一的特点。木卡姆这种巨型音乐作品在世界民族艺术史上极为罕见，被誉为"东方音乐文化的一大奇迹"，具有世界性的影响，也是新疆这个"歌舞之乡"的象征。"木卡姆"的历史源远流长，背景广阔，并与维吾尔人民的历史同步发展。它是在不同地域、不同时代由众多的维吾尔民间艺术家、演奏家创造并逐步完善的民族音乐套曲。

作为木卡姆重要组成部分的"琼乃额曼"，在古代称作"大曲"。公元4世纪，首先是"伊州大曲"，然后是龟兹、高昌、疏勒、于阗等地的"大曲",相继传入中原地区。据《魏书·吕光传》、《北史·西域传》和《隋书·音乐志》记载,木卡姆的最初形成部分"大曲",在公元6世纪之前就形成了完整的音乐体系。

公元6世纪至10世纪之间,流传在各地民间的木卡姆曲调进一步丰富和发展,并开始互相渗透。12世纪之后,"大曲"这个名称逐渐被阿拉伯语"木卡姆"所取代。"木卡姆"在词源学上是一个专用名称,表示经过规范的、置于一定系统的、一整套大型的音乐套曲。14世纪,由于古维吾尔文中大量吸收和使用了阿拉伯语和波斯语,因而在文学、艺术领域,乃至在木卡姆中也开始部分地使用阿拉伯语和波斯语名称。

木卡姆种类多样,除主要代表十二木卡姆之外,还流传着吐鲁番木卡姆、哈密木卡姆、刀郎木卡姆、北疆木卡姆等。它们在体裁上虽然没有十二木卡姆那么长而复杂,流传地域相对狭小,但都各具地方特色,共同构成多元一体的维吾尔木卡姆艺术。

维吾尔木卡姆与古典诗歌相配的形式,早在15世纪就已在新疆各地形成。经过几个世纪的发展演变,至16世纪初时,木卡姆音乐已发展成一个庞杂音乐体系,由于当时宗教极端派别压制及连年的战乱影响,一些木卡姆失传,一些被改造成"经院木卡姆",大多数木卡姆散失于民间。

莎车民间艺人的木卡姆表演

② 十二木卡姆的形成

明正德九年(1514年)叶尔羌汗国建立，作为其首都乃至新疆、中亚东部经济、文化、政治中心的叶尔羌城成为木卡姆搜集、整理、规范化的中心。在第二代汗王阿不都热西提汗的支持下，酷爱音乐和诗歌的王妃阿曼尼莎罕，顶住当时宗教极端势力仇视音乐艺术、反对整理木卡姆的压力，借助自己的特殊身份，召集以喀迪尔汗为代表的大量乐师大规模整理木卡姆，使之系统化和规范化，并改掉了原歌词中难懂的外来语词汇、古维吾尔语词汇和陈旧的宫廷诗词，用毕生的精力和心血完成了浩繁的整理工作。经过他们的共同努力，共整理出16部木卡姆，使之结构更趋完美，内容更加典雅，并使其逐渐融于维吾尔文化习俗之中。这16部木卡姆在流传过程中散失，后调整为12部，其木卡姆主体、形态、结构、排列程序等仍得到继承并传播至今。

清光绪五年(1879年)，莎车民间木卡姆艺人赛提瓦尔地又对"十二木卡姆"进行重新整理，后经木卡姆大师吐尔迪阿洪传播至今，维吾尔十二木卡姆由此形成了现在的规模和样式。它独具民族特色的旋律，完整系统化的音乐结构，丰富多彩的曲调，复杂的演奏技巧，多变的节奏等，都明显有别于其他民族的古典音乐。人们在聆听木卡姆时，会产生一种激奋的、欢快的、充满希冀与活力的感受。作为"十二木卡姆"的故乡，莎车各族人民在这种浓厚的艺术氛围的熏陶下，无论男女老少，大都会跳上一段麦西热甫。数百年来，维吾尔"十二木卡姆"经历了各种政治与社会、宗教的风浪，因无数民间艺人不惜生命的保护和爱惜，使其传唱至今。

叶尔羌汗国时期的王妃阿曼尼莎罕和宫廷音乐家、诗人喀迪尔汗是维吾尔十二木卡姆得以传承至今的历史功臣。在莎车的叶尔羌汗国王陵，专门为阿曼尼莎罕建造了一座纪念陵，是一座方形穹顶建筑，寄托了维吾尔族人对于这位王妃的热爱、感激和怀念之情。

阿曼尼莎罕纪念陵

③ 十二木卡姆的组成和特点

十二木卡姆由"琼乃额曼"、"达斯坦"、"麦西热甫"三大部分组成，有365个曲调，近4500行诗，完整表演的时间长达24小时。第一部分"琼乃额曼"，也称"大曲"，节奏缓慢，表演时间长，着重阐述维吾尔族人民哲学、思想和精神追求，是供社会上层和知识阶层享用的曲乐大餐。第二部分"达斯坦"，表现人民生活情景，表达爱情故事、叙事长诗的片段，是流传于民间茶馆、公众场合、家庭聚会上的乐曲及唱词。第三部分"麦西热甫"，主要是在群众集会上由民间歌手传唱，聚会群众不分男女老少均可以伴随乐曲翩翩起舞，歌舞内容反映了人们对人生的感叹，对幸福生活的祈盼。

十二木卡姆的伴奏乐器有萨它尔、艾捷克、胡西塔尔、都塔尔、小提琴、手鼓(大小)、纳格拉、扬琴、卡龙琴、巴拉曼、笛子、唢呐、萨帕依、热瓦普、弹布尔、塔什等18种乐器。相关作品有拉克木卡姆、且比亚特木卡姆、木夏乌热克木卡姆、恰尔尕木卡姆、潘吉尕木卡姆、乌扎勒木卡姆、艾介姆木卡姆、乌夏克木卡姆、巴雅特木卡姆、纳瓦木卡姆、西尕木卡姆、依拉克木卡姆，共12个木卡姆。

④ 十二木卡姆的保护和培育

在莎车，民间艺人的文化程度普遍不高，他们中大多数人不识乐谱，因此，十二木卡姆的传承主要依靠口传心授。而且同一个演唱者的几次演唱是不会完全一致的，在固定的框架内做某些即兴处理是维吾尔木卡姆显著的特点。

由于传承方式的限制，能够在脑子里熟记并连续演唱的民间艺人屈指可数。活跃于20世纪50年代的十二木卡姆演唱大师吐尔迪阿洪，在不看乐谱的情况下，可以不出差错地按照每个木卡姆的旋律与顺序，连续用24个小时，将十二部木卡姆从头至尾演唱下来，有人称他为一部"活的音乐百科全书"。为了更好地保护十二木卡姆这门艺术，有关部门于1951年7月、1954年8月，将吐尔迪阿洪、肉孜弹布尔等民间艺人、木卡姆演奏家和他们的同行邀请到乌鲁木齐，把十二木卡姆的绝大部分录了音。在这项工作中，音乐家万桐书先生花费了极大的心血，第一次把十二木卡姆用五线谱记录下来。1987年，新疆维吾尔自治区十二木卡姆研究学会成立，之后又成立了新疆木卡姆艺术团。同时，十二木卡姆也开始跨出国门，走向世界，日益成为东西方音乐研究者关注的焦点。

2005年11月，十二木卡姆入选为"联合国教科文组织第三批世界口头和非物质文化遗产代表作"。莎车的民间艺人肉孜·阿尤甫和吐逊·尼牙孜吾守尔等是十二木卡姆艺术的传承人，在温家宝总理赴日本访问的中国非物质文化遗产演出中，他俩参演的《新疆维吾尔木卡姆》片段是整个演出的压轴节目，轰动了日本。近年来，为加大十二木卡姆艺术人才的培训力度，莎车县财政出资选送了30多名初、高中毕业生到新疆艺术学院进行为期三年的培训，在县职业高中开设十二木卡姆艺术班，并为评选出的13名莎车民间艺人按月发放生活补助费，将全县的十二木卡姆艺人、喀群山区木卡姆和赛乃姆艺人，进行登记造册。

⑤ 十二木卡姆的民间传承

维吾尔木卡姆是维吾尔族人不可或缺的精神食粮，它伴随着每一个维吾尔族人从生至死的全过程，维吾尔族人生活的每一个阶段都有木卡姆的相伴，在人生礼仪和生活的每一个角落都少不了木卡姆的踪影。维吾尔族人民群众是十二木卡姆的真正创造者和保存者，而将歌、舞、乐联系在一起的民间麦西热甫，则是培育十二木卡姆真正的土壤。

"十个莎车人，九个会跳麦西热甫，八个会唱十二木卡姆。"这是流传在莎车的一句老话。十二木卡姆艺术从4世纪开始发展延续至今，是一门没有断代、始终传承的民间艺术，其原因正是它在维吾尔族人生活中不可或缺的功能性需求。民俗活动与木卡姆表演总是相伴相随，只要这些民俗活动存在于民间，传承就并非难事。"哪里有麦西热甫，哪里就有木卡姆，没有麦西热甫的生活没有味道，没有木卡姆的麦西热甫将不称为麦西热甫。"而保护十二木卡姆最好的方法，就是让它回到民间去，回到它生长的地方去。

夏河塔塔村是整理十二木卡姆的历史功臣、王妃阿曼尼莎罕故居所在地，故居布局属叶尔羌汗国时期典型的农舍形式，建于明朝，是为纪念阿曼尼莎罕的父亲和母亲仿造古农舍而建的。包括有两间农舍，农舍外则是民族风格的栅栏小院。距离故居30米处，则是阿曼尼莎罕父母的墓地。关于阿曼尼莎罕生平传说的各种遗迹保留完好，包括阿曼尼莎罕故居、12棵沙枣树等。村庄基本上尚处于原生态的状况，生活安静淳朴，尚未建设各种旅游设施。建议对现有的历史遗迹进行抢救性的整修，同时加入一些可撤除的简单设施，用于宣传和表达阿曼尼莎罕的生平故事，保持夏河塔塔村原始的村庄格局和村落生活，让人们在遐想间回到充满诗意的阿曼尼莎罕时代。

夏河塔塔村内清真寺

麦西热甫

"麦西热甫"，意为"聚会"，作为木卡姆的组成部分之一，是其中最为热烈和紧张的部分。因而，麦西热甫常作为民间集体娱乐的形式单独进行，成为融歌舞、音乐和游戏为一体的综合性民间文艺活动。莎车的麦西热甫最早产生于南郊山区的喀群一带，称"喀群麦西热甫"，之后才逐渐向叶尔羌河下游发展。维吾尔族人不论是办喜事或庆祝节日等，都要举办"麦西热甫"活动。

"麦西热甫"常用的乐器一般有热瓦甫、卡龙琴、手鼓、沙塔尔等。开始时，乐师用沙塔尔或弹布尔演奏木卡姆序曲，由一人独唱，或乐师自弹自唱。序曲结束，由主持人扼要说明此次麦西热甫的意义和目的，接着乐队按着"且克特曼"、"塞乃姆"、"塞勒克斯"、"斯日勒玛"的乐章顺序，音乐节奏由慢变快，手鼓响时，围坐者纷纷入舞场舞蹈，邀请舞伴。舞蹈形式有独舞、群舞、对舞。舞蹈时，"踊"、"跃"、"跷足"、"弹指"、"弄目"、"挂圈"，随舞技高低，尽情表演，但不能互相碰撞。不管哪种形式，都有特定的内容，或表现敌手相遇，交手追逐，最后获胜的情景；或表现狩猎始末，征服自然的喜悦心情。

麦西热甫可分5个阶段，依次为序曲、点步曲、自由舞曲、圆舞、高潮，每个阶段要演唱7首歌曲。当音乐转为"塞勒克斯"时，舞者由对舞变为圆舞，好似包围野兽，合力进攻。乐曲转入"斯日勒玛"后，男女舞者随着昂扬的曲调，在原地不停地旋转，表示胜利的欢乐，这时达到麦西热甫高潮。谁在原地旋转得最久，就是舞蹈能手，备受人们称赞。

歌舞、演唱之后，麦西热甫就进入娱乐阶段，其内容丰富多彩而诙谐有趣。常见的游戏有"教鞭游戏"、"送茶游戏"、"驯猫游戏"、"赏罚游戏"、"理发游戏"、"老人游戏"等。如送茶游戏，先由主持人把盛满茶水的两个杯子置于盘中，任意请一人接茶，接茶者一手端两杯茶，同时放到嘴上喝，若不小心泼出，就罚出一个节目。或接茶者把茶盘连同满杯的两杯茶顶在头上舞蹈，若茶水洒出，也罚出一个节目。举行麦西热甫的时间，一般始于傍晚，至深夜甚至第二天黎明。地点一般选在特意布置的舞场或主人庭院或野外，点灯或燃起篝火。

莎车古城的麦西热甫流传时间久远，种类也很多，主要有5种。① 婚礼麦西热甫，接新娘人们随着婚礼歌曲，翩翩起舞，少男少女同歌同舞，气氛热烈。② 迎宾（庆祝）麦西热甫，亲戚、朋友来访或生意兴隆生产丰收时举行。③ 循环麦西热甫，闲暇时为消闷，轮流在一周或一月中举行一次，每到必尽兴而散，十分过瘾。④ 惩罚麦西热甫，由前一次麦西热甫中有失误的人，受罚举办。⑤ 诉苦麦西热甫，离婚或过单身生活的男女，欢聚一堂，举

麦西热甫表演

行舞会，以解孤独愁闷，加深友谊。

维吾尔族达瓦孜

"达瓦孜"是莎车维吾尔族一种古老的传统杂技表演艺术。"达"在维吾尔语是"悬空"之意，"瓦孜"是指嗜好做某件事的人。"达瓦孜"一词，是借用波斯语"达尔巴里"，意思是高空走大绳表演，古时称为"走索"、"踏软索"等。

达瓦孜历史悠久，据史料记载，达瓦孜源于两千多年前的西域，汉代传入中原，曾在南疆盛行。在历史上，许多达瓦孜世家代代传艺不衰，有的甚至走出国门，沿丝绸之路，到印度、红海之滨、埃及等地卖艺。最早记载这一技艺的大约是东汉时期的著名科学家、文学家张衡，在他的《西京赋》中有"临回望之广场，呈角抵之妙戏……跳丸剑之挥霍，走索上而相逢"之语，描述了两位艺人索上相逢的情景，可见走绳的历史由来已久了。

莎车古城内的达瓦孜表演多在喜庆的日子和节日期间举行，高空走绳表演起来惊心动魄，兼有体育和杂技的双重特点。达瓦孜表演场地独特，中间竖立主杆高30米，最高处扎有牌楼，彩旗迎风招展，似空中楼阁，特别引人注目。牌楼横杆两端拴有吊杠和吊环，供表演者使用。80米长的主绳头尾相连，将地面和牌楼连为一体，格外壮观。

此外，达瓦孜表演多在露天进行，其特点是把多种多样的杂耍技艺搬到数十米的高空绳索或钢丝上演练。演员表演时更加引人入胜，男女青年个个身手不凡，表演者手持长约6米的平衡杆，不系任何保险带，在绳索上表演前后走动、盘腿端坐、蒙上眼睛行走、脚下踩碟子行走、飞身跳跃等系列惊心动魄的技艺。在维吾尔族民间乐曲的伴奏下，高空走绳演员踏着节拍跳舞歌唱，迅速转换着高难技巧，场面热闹非凡，整个表演惊险动人。

达瓦孜多是家族传承，图为莎车的一个达瓦孜家族，祖孙三代，最小的孩子从4岁
便开始登台表演

二、回、汉双城

1. 南疆古城的双城结构

回、汉双城，是南疆古城一种独特的城市空间结构。其中的"回城"，主要是维吾尔族原住民居住的区域，城镇的格局自然演化形成，作为世代相传的居住聚集地，是各类功能完整的城市区域。因其历史悠久，承载着重要的城市发展信息，留存着大量的历史遗迹。

"汉城"则出现在清朝，是清政府在南疆军事重镇屯兵建政的地方，主要为汉人居住。清乾隆起在南疆设参赞大臣后，在喀什、莎车等地加建汉城，如喀什徕宁城（建于1761年）及莎车汉城（建于1759年）。相对于"回城"，"汉城"主要为居住、军事和管理功能，缺少商业、贸易等日常性的服务功能，并非完整意义上的"城"。

从回、汉双城形成的历史渊源来说，回城对于研究南疆城市演变的历史价值更为深厚，汉城则反映了某一个特殊历史时段的城市演变特征。

2. 莎车的城址变迁

莎车自古为南疆重要商埠之一，《新疆图志》记述，"街长十里，屋宇鳞次栉比，商贩云集，南疆六大城市之一"。据史籍记载，由于战乱和水灾，莎车古城共迁址6次。其中，乌铩古城遗址，是汉代时期的古莎车城，位于莎车县喀群乡恰木沙尔，西临大河，东连喀群山间平原，距莎车老城65公里，唐代毁于水灾。

今天的莎车古城形成于叶尔羌汗国时期，这一时期的莎车古城也被称为"叶尔羌城"，是叶尔羌汗国的都城。作为叶尔羌汗国的政治、经济和文化中心，加上自汉代以来的丝绸之路商贸繁荣，叶尔羌城一度被学者们赞誉为"小布哈拉"。今天，莎车古城仍保留了叶尔羌汗国王陵、加满清真寺、莎车城墙遗址等一大批叶尔羌汗国时期的重要历史文化遗存。

据史料记载，叶尔羌城城墙建于1472年，高8米，顶部宽6米，为土城墙。《西域图志》[①]中记述，"其城周十余里，有六门，土冈环其东南，城踞冈上，规模宏敞，甲于回部，城中街巷虽曲错杂，无有条理，民居以土垣屏蔽，穴垣为户，高者三尺，伛偻出入，屋宇毗连处，咸有水坑，导城南哈喇乌苏之水，达于城北，是资饮用"。根据今天遗留下来的城墙遗迹来看，周长大约6220米，面积约2平方公里。叶尔羌城的6个城门中，西侧的阿勒屯麻扎所在地曾经是城门之一，维吾尔人将该城门称之为"阿勒屯代尔瓦子"，汉语意为"金门"。叶尔羌城的中心，在今天加满清真寺–文化公园–奥尔达库勒一带。

清乾隆二十四年（1759年）建叶尔羌汉城，莎车城分东、西两部分，东为回城，西为汉城。叶尔羌汉城的建成与清朝平定大小和卓之乱有很大的关联，大小和卓之乱是指清乾隆二十二年新疆回部白山派首领霍集占兄弟发动的叛乱，大小和卓之乱的平定标志着清代统一中国战争的完成，也是乾隆皇帝的重要功绩之一。此役之后，清廷设伊犁将军统辖新疆各部，设总理回疆事务参赞大臣管理回部。直到民国时期，莎车古城的双城格局基本未变。

莎车的双城结构延续了近200年，直至1958年，莎车开始拆除城墙、门楼，回、汉双城的边界被打破，形成一个整体。今天的莎车县基本上是在汉城的基础上，逐步向西、向南发展起来的。叶尔羌城城墙今天基本已毁，仅存南、北各两段不到100米的城墙遗址。

---

① 清代官修地方志之一，全称《钦定皇舆西域图志》。乾隆二十年（1755年），清廷平定准噶尔，天山南北尽入版图。次年二月，清高宗下令编纂《西域图志》，于乾隆四十七年（1782年）五月告成。

莎车现存的回城土城墙遗址

3. 始于水源的城市发展轨迹

作为水源的叶尔羌河位于城市的东南侧，这使得莎车老城的发展基本上沿着自东向西的轨迹。莎车现存最早的历史地图绘于新中国成立初期，更早的地图已难以追溯。在这张地图上，城墙仍然完整地保留着，边界十分清晰。从图上展现的街巷空间形态特点来看，较早的莎车老城以建于米尔兹·阿伯克汗时期（1470—1514年）的阿孜那清真寺为中心，向南、向北各发展出一个错综复杂的组团。阿孜那清真寺北侧的老城路连接了莎车老城和周边的乡镇，至今仍然是莎车老城的交通干道之一。

叶尔羌汗国时期，老城逐渐向西扩展，从回城城墙围合的区域范围来看，叶尔羌城的中心已经偏离了阿孜那清真寺，位于加满清真寺和奥尔达库勒之间，这里正是民间相传的叶尔羌王宫的位置。16世纪中叶，在西北段城墙的内侧建造了规模宏大的叶尔羌汗国王陵，为世代汗王的陵墓，现为第六批全国重点文物保护单位。戈尔巴格路（也称"手工艺一条街"）作为一条繁华的商业街道，通过王陵西侧的"金门"，连接了回城和汉城。

关于这座绿洲城市水绿交融的美景，米尔咱·海答儿在《赖世

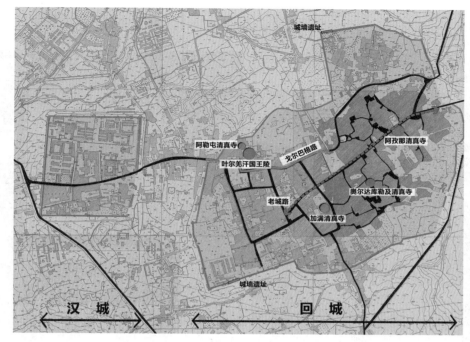

新中国成立初期莎车地图，东侧为原回城，西侧为原汉城

德史》^①中写道，建城者"引河入城，修建花园。人们都说，有一万三千个花园，大部分都在城内和城郊……郊区约有十座花园，园中建有高楼，每个高楼中有一百个房间。这些房间内全部配有书架，墙上有壁龛。天花板是用灰泥涂抹的，墙裙是用釉面瓷砖做的，墙上有壁画。人行大道都是白杨的林荫路。所以人们在该城四周行走，可有一程半是在这些树的覆荫之下，绝大部分的林荫道两旁都有水渠"。关于花园的数字也许是被故意夸大了，却生动地表达出作者对于叶尔羌城的喜爱之情。

---

① 米尔咱·海答儿是察合台汗国的贵族后裔，《赖世德史》写于1541—1547年，用波斯文写成。本书可以看作是1321年左右从察合台汗国分出来的蒙兀儿诸汗的历史，后来的叶尔羌汗国即在其基础上创立。这本书是一部实录，关于15—16世纪这一支蒙兀儿人的史籍，这是唯一的一部，因而也成为研究新疆15—16世纪历史的重要参考资料。

莎车回城内错综复杂的街巷，多为土砖路面

4. 汉城时期的功能性单元划分

在莎车，人们习惯性地将叶尔羌城称为"回城"，"汉城"也称为"新城"，主要为汉人居住。据史料记载，莎车汉城的城墙同回城一样，用生土筑城，但在其四周修建了一道深深的壕沟，具有比较重要的防卫功能。在建城的方式上，人工化的方城形式延续了中原地区建造城池的传统，以方格网的形式划分政府、军队、住区等功能性的单元，每个单元的间距大约为200～280米。相比密集的回城，这里"到处是空地，住在这里的主要是有钱人和统治阶层，此外也有兵营"。从新中国成立初期和1979年的莎车地图来看，汉城内已辨识不出以库勒为中心的传统组团结构，隐约可见的库勒服务于人工化的功能单元。

从1979年的莎车地图来看，现代城市的道路骨架已基本形成，双城城墙已有一半被拆除。这一时期方格路网的间距为400～600米，是回城主要街巷间距的3～4倍，是汉城单元间距的2倍左右。而今天新近规划的城市街坊尺度更是放大到500～700米。位于叶尔羌汗国王陵西侧的艾斯提皮尔路分割了回城和莎车县城的其他区域，原先连接双城的戈尔巴格路到了艾斯提皮尔路便戛然而止了。20世纪80年代之后的城市建设基本上绕开老城，在艾斯提皮尔路以西展开，这使得传统的回城区域虽然有些孤立，但仍然完整地保留下来。

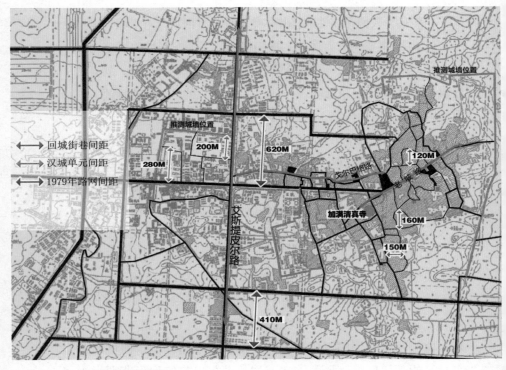

回城街巷间距

汉城单元间距

1979年路网间距

推测城墙位置

推测城墙位置

200M

280M

620M

120M

戈尔巴格路

老城路

加满清真寺

160M

150M

艾斯提皮尔路

410M

1979年的莎车地图

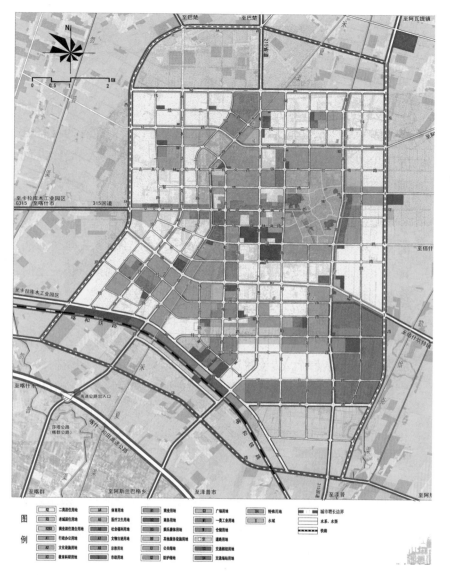

《莎车县总体规划》（2011—2030）之县城土地使用规划图

5. 莎车老城空间格局现状

双城遗迹

今天的莎车，城市中心西移，建设主体位于清末双城的西侧和南侧。从莎车双城城墙的现状分析图来看，目前留存的仅有三小段不到100米的城墙遗址，包括南、北各一段回城城墙，以及一段汉城北城墙。其余大部分的城墙，一部分改变为街巷，一部分在麻扎和公园中穿过，另一部分被民房覆盖。但是双城结构仍然清晰可见，特别是回城内的街巷格局，基本上保持了清末街巷的向心性结构特点，通常街巷道路均通往清真寺或涝坝等重要的传统生活设施，反映了南疆地区城市形成的基本规律。历史上的汉城，新中国成立后成为莎车大规模城市建设的区域，也是现在城市中心的一部分，已完全由当代城市建设所覆盖。

从老城格局现状的历史价值来看，面积约2.14平方公里的回城内空间脉络清晰，传统建筑密集。而汉城的历史空间结构已无法识别，区域内均为现代建筑，其体现城市发展脉络的价值相对有限，但其作为双城结构的组成部分，对城池演变的结构性意义仍不可忽视。

向心结构

莎车老城内街巷纵横交错，土质地面，多丁字路口，很少有十字交叉的道路。民居建筑以生土为外墙材料，外观朴实无华。莎车传统民居聚落的形态，与居民的生活方式有着密切的联系，主要街巷常常通向外部道路、涝坝或清真寺。居住街区的功能相对单纯，环境幽静。清真寺几乎是居住街区内仅有的公共设施，它不仅为宗教活动场所，其附属建筑也承担了街区内大多数的公共服务功能，而商业功能则与居住片区有明确的分离，大多分布在外围的城市街

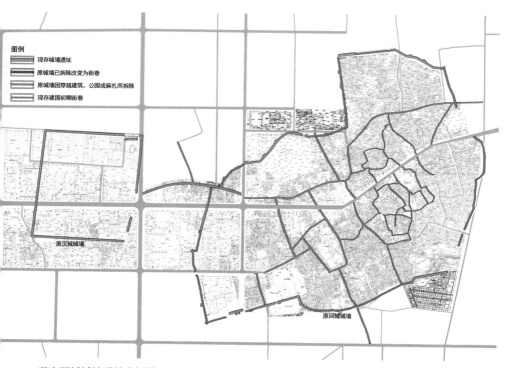

原汉城城墙

原回城城墙

莎车双城城墙现状分析图

道或集市。

宗教活动在很大程度上影响了莎车的传统聚落布局，由于伊斯兰教礼拜及聚礼的要求，民居组团呈团状聚集。由若干户住宅以某一街巷清真寺为中心聚集形成邻里组团，再由这些邻里组团围绕较大的主麻日清真寺，向外作放射性展开。新疆的维吾尔族清真寺大致可分为5种类型：艾提尕尔清真寺、加满清真寺、街巷清真寺、麻扎清真寺和耶提木寺。其中，"艾提尕尔"阿拉伯语意为"节日场所"，是穆斯林进行日常礼拜和进行"大礼拜"的场所，特别是在古尔邦节和肉孜节等伊斯兰教的盛大节日。加满清真寺，波斯语指"聚礼、会礼的场所"，又称主麻日清真寺，是每周五主麻日举行聚礼的场所。而最为实用的则是散布在民居组团中的街巷清真寺，它们主要是供街区内穆斯林做"居玛尔"（祈祷）使用，是平时五次礼拜及沐浴祈祷的场所。另外，还有一些是位于特殊位置的清真寺，例如库勒清真寺和麻扎清真寺。

另一种聚集方式则是以水源为中心向外发散，在莎车历史城区内最为明显的例子是奥尔达库勒街区。奥尔达库勒虽然今天已经退出人们的日常生活，但在历史上，它曾经是叶尔羌汗王宫的水源地，与它毗邻的清真寺则是王宫内的清真寺。随着叶尔羌汗王宫的衰弱，整个王宫区域逐渐演化为民居聚落，居住的大多为贵族、学者、医师、宗教人士等有社会地位的家族，街巷则自然而然地通向奥尔达库勒。

在以清真寺和库勒为中心的街巷结构骨架基础上，民居建筑布局自然展开，巷道内空间有进有退，局部放大的空地则成了居民日常社交的场所，住宅多自成院落。在风沙大、气候炎热干燥的南疆地区，狭窄曲折的街巷形成较多的阴影，创造了较为舒适的通行空间，并成为外部城市空间与家庭内部庭院之间的自然过渡。

加满清真寺

街巷清真寺（左图）和库勒清真寺（右图）

6. 传统空间组织的关键性要素"库勒"

今天人们普遍认为南疆的城市结构是以清真寺为中心展开的，但是却忽略了另一个比清真寺更为久远，也更为关键的要素"库勒"。"库勒"是维语"涝坝"的音译，在南疆维吾尔族聚居的村镇，供居民生活用水而开挖的露天贮水水塘被称为"库勒"。在交通要道、客栈、清真寺及居住社区都有库勒分布，是南疆地区重要的传统水源。远在11世纪伊斯兰教成为南疆的主要宗教、清真寺开始在各地建造以前，库勒就早已出现在每一个城镇和乡村，它们是南疆城镇文明真正的源头。

从新中国成立初期的莎车地图看，在原有的叶尔羌城城墙范围内能够依稀辨别的约有大小11个库勒，连接这些库勒的街巷，应都曾建有水渠用于引水，它们的走向与自然地形不无关系。这座位于戈壁深处的边陲古城，应当也曾经呈现过水绿交织的美景。历史学家和到访者对于叶尔羌城有着大量充满诗意的记述，例如斯坦因在他的探险手记中就这样描写道："穿过巴扎和老城弯弯曲曲的小巷，树木郁郁葱葱，路过一个又一个水塘，夜间的景色更加迷人。"

正因为库勒在人们生活中举足轻重的地位，它们也成为各个城市组团的公共生活中心，在库勒旁一般都建有清真寺，取水的同时，这里也是人们生活交往的场所。当人口规模逐渐扩大，原有的库勒不足以满足使用需求时，人们又会在附近新建一处库勒，一个城市的雏形就这样慢慢形成和展开了。从莎车的实例来看，一处库勒的服务半径大约是100米，我们可以将其视为莎车老城初始的社区单元。貌似支离破碎、迷宫似的一个个居住组团，在逐水而居的初始条件下，适应性地产生了相似的结构，并且不断地自我复制。在一定程度上，这样的组团结构也是大漠绿洲整体生存环境的再现和缩影，它并不是独立存在的。人们对于传统社区的心理归属感，也许可以从这种整体性关联的隐藏秩序中找到答案。如同德国

弃置不用的满洲库勒（上图），以及一处已改造为社区广场的库勒（下图）

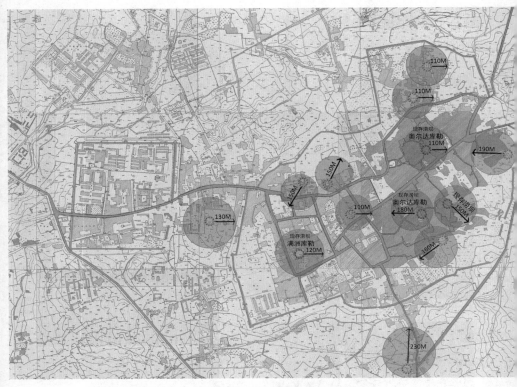

从建国初期莎车地图上可见现存的库勒空间及其服务半径

科学家魏尔说过的一句耐人寻味的话："当一棵苗生长时，人们可以说，它把一种缓慢的时间节律翻译成了一种空间的节律。"

莎车老城从1970年之后开始全面使用自来水，库勒和水渠从此退出历史舞台。现在，原城墙范围内仍留有4处规模较大的库勒遗迹，面积约800~3200平方米不等。除了一处被简单改造为社区广场，其余大多只留下弃置不用的黄土洼地。但是，由于清真寺通常都伴随着库勒出现，这些库勒清真寺又取代库勒继续发挥着作为社区空间组织者的作用。

第三章
传承延续

　　莎车老城内现存最早的文物建筑阿孜那清真寺始建于1470年，相当于明朝成化六年，"明四家"中的文澂明、唐寅均出生在这一年。500多年来，莎车老城在经历了叶尔羌汗国时期的繁荣之后，逐渐淡出人们的视野。今天的莎车老城仍基本保留了叶尔羌汗国时期形成的城市空间骨架，从丝路古道上定居下来的各国商人们，带着各自的文化印记，共同融入了莎车老城这个大家庭，并形成了莎车老城既稳定又独特的社会结构。在这样一个单一民族占主体的特殊文化群落，对老城的规划更多地是一种对既有城市空间和城市功能的"优化"，为此需要找到街区生命体传承发展的内在规律。

一、街区改善的对策

1. 社区更新的原则

　　我们通过3个莎车老城社区的调查数据统计发现，54.45%的家庭在老城居住了30年以上。关于房屋的产权情况，绝大多数为私有产权，占到97%。其中，继承约占53%，购买约占41%，自建住房约占3.04%。居民普遍希望继续生活在老城，表示希望原址改建重建的比例高达97%，只有3%的居民希望搬离。居民的邻里关系非常密切，认识本社区居民50人以上的占到问卷的40%，完全了解和基本了解邻居家庭情况的比例高达76.5%。

　　被访的家庭中，有36%从事经商和手工艺活动，在职的有25.6%，下岗和失业的有6.76%，还有16%不工作，一半家庭为低保户。历史街区居民的受教育水平普遍比较低，初中及以下学历的占到了62%，其中小学及以下的有30%之多。

　　从以上粗略的统计数据可以看出，莎车老城居民对"家园"有着很强的依赖性，日常生活、社会关系大多在老城附近。加上绝大部分房产为私有产权，特别是有超过半数为继承所得，相对稳定的家庭结构促成了整体稳定的人口结构和生活形态。社区居民一方面对于自己的房屋有很强的自我完善意愿，另一方面对于一切有关老城变化的举措非常敏感，有着高度的参与意识。同时，有相当多的社区居民仍然从事着传统的经商和手工艺制作工作，而普遍的低教育水平和低就业率是一个不得不关注的问题。

　　历史地区复杂的"真实性"，常常在进行规划时被简单化地诠释了，在莎车老城这样一个维吾尔民族占主体的特殊文化群落，特别要避免草率地代替居民去做判断。人们对社区配套的诉求是什么，对民居建筑改善的传统观念是什么，对空间的喜好是什么，遗产与生活生产方式的关联是什么，这些在技术层面上表达规划实效

黄昏中的莎车古城院落

莎车古城民居

性的核心问题，需要借助社区规划的方法，走近居民的生活，换位思考。从这个角度而言，编制老城的保护规划并没有标准的格式，也不适合设定规划的年限。

基于对社区特性的基本认识，我们对莎车老城历史文化街区的更新确定以下7项总体原则：

（1）更新方式以原地改造为主

社区内住房绝大多数为私有产权，有大量世代生活在老城的原住居民，希望异地搬迁的居民极少。因而总体更新方式建议以原地改造为主，公共性建设的决策则需要全过程结合公众参与。

（2）疏解部分人口，保持低密度居住空间

社区内住宅建设用地条件比较宽松，形成了莎车老城一层为主、院落完整、较为舒展的整体风貌，这使得莎车有别于喀什等其他南疆名城。为保持这种低密度的传统生活空间品质，应预先考虑到未来分户建设可能带来的密集化趋势，当历史文化街区范围内的居民有分户需求时，建议在老城外围安排一定的用地，疏解一部分人口。

（3）发挥居民自身力量改造房屋

社区内建筑建成时间并不久远，大部分建成于1990年之后，但是居民在改善自家住房的过程中，不断融入新的创造，以适应新的需求，体现了维吾尔族居民很强的自我更新住房的能力，以至于从整体环境上辨别不出具体的建造年代。建议在社区更新的过程中充分发挥居民自我更新的力量，改造的方式应灵活多元化。

（4）保护及传承手工艺，促进就业

社区内一半家庭为低保户，受教育程度普遍较低，就业和教育是比较明显的民生问题。历史文化街区的保护与更新应使老城居民受益，考虑到经商和传统手工艺仍然是非常重要的就业方式，可以通过加强传统手工艺传承、增加职业培训机构、扶持传统商业、适度发展文化旅游事业等手段，促进居民就业，提高居民收入。

（5）不破坏街巷空间格局，保护重要的传统公共场所

同为南疆古城，莎车老城（上图）多为单层平房，整体空间密度比喀什老城（下图）
低得多

调研中74%的居民对社区的交通条件较为满意，并不认为狭窄的巷道对于出行有很大的影响。因而道路的规划应在现有基础上以局部调整为主，解决基本的通行和消防要求，避免对于道路结构的过度规划，不做不必要的拓宽。

（6）增加绿地广场

维吾尔族居民喜爱户外活动，虽然社区中已有一些公园和社区广场，但居民对公共绿化和广场仍有超过80%的诉求，这一点应在社区更新中予以充分考虑。老城内仍然留存的库勒空间，可以考虑作为公共活动空间的补充。

（7）街区差异化发展策略

三个社区在功能、人口、住宅占地和建筑面积、住房来源、职业、家庭收入、就业情况等方面存在差异，在规划中应结合其不同的区位特点、历史沿革、城市功能和风貌特点，有针对性地制定三片历史文化街区不同的发展策略。

左图、上图：简单或繁复的装饰取决于家庭的富足程度，但对传统的尊重
和延续是始终贯穿其中的

2. 道路交通改善的问题

  莎车老城内街巷错综复杂，密度高，多为步行街巷，但主要街巷宽度并不狭窄，最宽的可达6米，一般街巷也有3~4米，大多数为土质路面。问卷调查的结果显示，74%的居民认为老城内交通情况比较便利。基于街巷的现状宽度和居民意愿，我们确定了以调整为主、不对道路系统进行过度规划的原则，具体包括：

  （1）避让"优秀民居"以及对居民有重要意义的公共生活空间，不影响保护规划中划定的历史文化街区核心保护范围。

  （2）遵循古城控规确定的道路体系，对街区内路网线型、宽度进行优化和细化，以确使街区内道路结构形成体系，进出便利，且与古城控规衔接良好。

  （3）道路、街巷的拓宽建设以满足基本出行条件、满足消防要求、不破坏原有居住组团格局并尽可能少拆除民居建筑为前提，尽可能利用空地及公共用途用地。

  （4）因必要的道路拓宽需拆除民居建筑时，应依据现状建筑风貌评价，选择风貌欠佳的一侧进行拆除。

  （5）喀什老城的改造工作已经积累了大量的经验，道路的宽度、间距等规划参数的确定可以借鉴喀什老城改造的实践经验。

  莎车老城的面积超过2平方公里，是一个规模较大的城市组团，与外部道路的衔接、内部道路的畅通都必须提出明确对策。根据莎车古城控制性详细规划，老城内除了现状的老城路继续作为主要道路使用之外，还有两条重要的南北向城市次干路阿孜那寺前路、戈尔巴格-霍加明墩西路，以及另一条东西向的城市次干道霍加明墩北路。在规划中，这两条道路的断面宽度都是16米。我们在规划中将这些穿越老城的次干道宽度降低至12米，取消道路红线概念，以道路两侧建筑之间的实际间距来衡量道路的通行能力，这样可以在满足机动车通行条件的同时，尽量少拆两侧的住宅。在道路

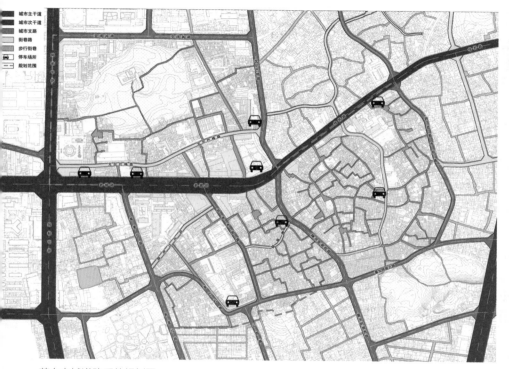

莎车老城道路系统规划图

必须拓宽的路段，选择拆除建筑风貌和质量欠佳的一侧。类似于文化公园、原有的库勒这类具有特殊历史和社会意义的公共空间，规划中则绝对避让。对于支巷中的断头路，从形成消防环线的角度，选择拆迁量最小的方案进行打通。

按照这样的方法，在具体的实施过程中，因为牵涉到道路两侧众多居民的利益，方案公示、听证的过程是必不可少的，只有在征得相关权益主体同意的情况下，道路交通的规划方案才能够真正得以执行下去。老城内街巷大多有条件通行机动车，虽然规划中街区内部的交通方式仍然以慢行为主，但考虑到居民的需求和未来的发展，规划中利用现有的空地，同时结合公共设施的建设，见缝插针地布局了若干处"口袋停车场"。

3. 三个历史文化街区

莎车老城文化积淀深厚，遗产类型多样。为了确定保护的重点，我们在规划中划定了三片历史文化街区。它们有着各自不同的特征，需要在保护与更新的过程中抓住自身特点，推进差异化的发展。

（1）国王陵历史文化街区

街区内文物保护单位很多，保护级别高，包括全国重点文物保护单位阿勒屯清真寺和叶尔羌汗国王陵。以阿勒屯清真寺广场为起点的戈尔巴格路手工艺一条街，是历史上连接回城和汉城的主要道路，集莎车传统城市公共生活为一体，具有南疆传统城市特征的典型性意义。

（2）加满清真寺历史文化街区

街区以全国重点文物保护单位加满清真寺为核心，多元文化是它的主要内涵。同时，该街区可置换城市功能的空间较大，是完善莎车老城配套及文化旅游功能的重点区域。

（3）奥尔达库勒历史文化街区

典型的以水源为中心的传统民居聚落，街巷肌理及建筑风貌

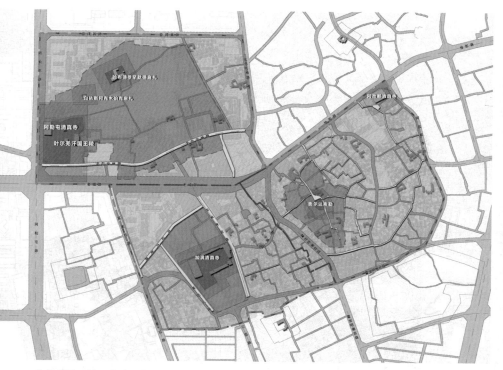

莎车老城三片历史文化街区分布图

均保存完好，街区内有不少在此居住了数百年的原住居民家庭。在三个历史文化街区中，奥尔达库勒历史文化街区最为原汁原味，对于研究莎车古城的历史沿革和传统生活方式，具有不可替代的整体性价值。

● 喧闹而欢快：国王陵历史文化街区

"埏埴以为器，当其无而有器之用。"①城市从某种意义上说是容纳人和生活的容器，而城市的精华，正如容器一样，也在于它的公共场地，它的街道、广场和公园。在莎车，国王陵历史文化街区除了有维吾尔族人民心目中的圣地叶尔羌汗国王陵，它的手工艺一条街、文化公园、巴扎等城市公共空间，正是浓缩了莎车老城传统公共生活的精华。

叶尔羌汗国王陵

---

① 古代哲学家老子所言，意为一个容器的精华在于其空。

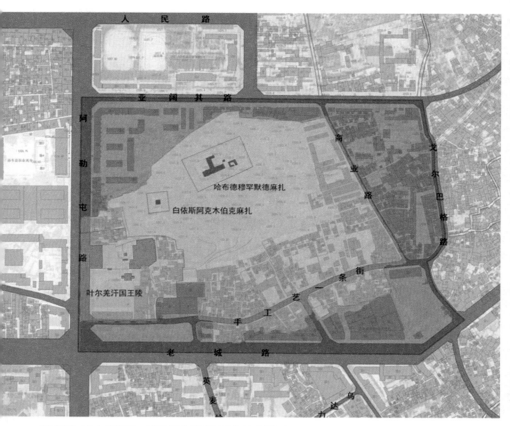

国王陵历史文化街区，以叶尔羌汗国王陵为核心展开

戈尔巴格路手工艺一条街

在南疆传统城市，商业和生活有着明确的区域分工，一般居民片区都较为幽静，很少布局商业设施。传统上固定的商业设施不多，集市是重要的商业活动方式。集市的地点既包括固定的巴扎，也包括清真寺门前自发形成的集市，或者长久以来形成的传统商业街。由于集市的自发性和受空间的限制，常显得较为拥挤凌乱，却充满活力。莎车老城的传统商业以戈尔巴格路手工艺一条街为主要轴线，向南、向北纵向延伸的次要街巷则形成了帽子巷、医药巷等专业商业街。

关于这条街道的繁荣景象，《莎车县志》中描述道："清乾隆二十四年（1759年），莎车城规模甲于回部，山、陕、江、浙之人，不辞险远，货贩其地，印度及中亚一带的商人也多来此贸易，均设市集。清光绪十年（1884年）前后，一些津、湘等省、市行商来莎车经商，往返于关内外的驼队络绎不绝，京、广货品源源而来，后来多变为坐商。内地来的商品由此再贩往西藏和中亚布哈拉、克什米尔及印度。"光绪七年（1881年）《中俄伊犁条约》订立之后，外国商人蜂拥而至。至民国初期，"此地全盛之时，列市长十里，置八栅（即巴扎），陈百货，男女蜂聚。珍怪琦赂卷握之物，不可殚述"。

可惜的是，现代生活方式和商业行为的转变也不可避免地波及这座边陲古城，丝绸之路驼队的物物交换景象早已不复存在。戈尔巴格路手工艺一条街日渐凋敝，失去了昔日的光彩，仅留存一两幢精美的传统商业建筑，大多数则破败不堪。由于缺少规划的控制，新建建筑中出现不少大体量的砖混建筑，显得格格不入。史料中所描述的那些琳琅满目、光怪陆离的商品，现在也仅限于衣帽、铁器、铜器、木刻、摇篮、医药等为数不多的几类日用商品。

右图：戈尔巴格路手工艺一条街街景一隅

戈尔巴格路手工艺一条街的传统业态组图

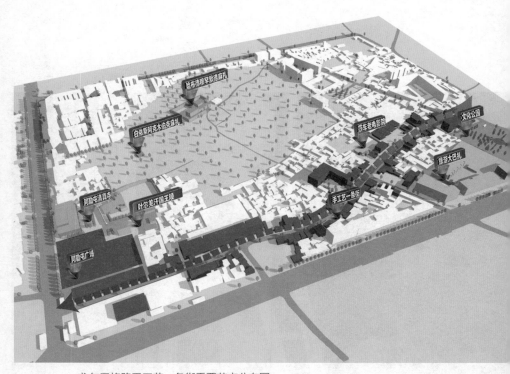

戈尔巴格路手工艺一条街重要节点分布图

巴扎日

"巴扎",意为集市,最初来源于波斯语,为突厥语族广泛使用,被用以表示定期、定点的集体商贸行为。在维吾尔族传统中,巴扎的形成与兴盛和清真寺不无关系。人们在礼拜时聚集,清真寺门前的巴扎既方便物物交换,又不妨碍宗教礼仪的完成。例如莎车的大巴扎和手工艺一条街,多是由于邻近阿勒屯清真寺而逐渐形成。

南疆城市历史上的行政区划有可能变动,但巴扎地点一般不会轻易随之变动。时间上,巴扎日的安排与某一地区的生活习惯有密切关系。据《莎车县志》记载,1949年前莎车有5个大型巴扎,较小型的有11个。巴扎日依星期顺序排列,平均每天县内都有2~3个巴扎。莎车老城是星期四巴扎,上市人数最多达3万人,上市的商品主要是大布、口袋、席子、帽子、鞋子、衣服、木器具(羹匙、木勺、纺车、线轴、摇床等)、铁器具(铁掌、锁子、刀子、门扣等)、陶瓷、皮革、肥皂、绳索、引火板、食品、粮食、油品以及瓜果、蔬菜、烟叶、牲畜、家禽等农副产品。新中国成立后,为了适应现代生活习惯的变化,莎车老城的巴扎日改为星期日。

巴扎日不仅意味着城市与乡村之间的民间贸易活动,它在南疆城市更是成为一种重要的民间节日。尽管现代社会对传统商业的影响无处不在,但是巴扎日的莎车老城仍然万人空巷,来自不同乡镇的人们在这里聚集、会友,度过欢乐的一天。

戈尔巴格路手工艺一条街的巴扎日组图

文化公园巴扎日的民间艺人表演

文化公园

　　文化公园位于手工艺一条街的东侧、老城路的北侧，历史上叶尔羌王宫外巴扎的位置。公园四周长330米，面积6440平方米。

　　文化公园也是纪念阿曼尼莎罕的一座纪念公园，内有一座阿曼尼莎罕坐像。公园面积不大，本身的空间和植被也非常简单，对老城的文化和社会意义却非同一般。在巴扎日，周边乡镇的村民都会来莎车老城逛巴扎，热闹非凡，而其中一项重要的助兴活动就是文化公园的传统艺人表演。十二木卡姆的每个艺人都有自己的小团体，在这个团体里，仍然遵循着父子相传、师徒相传的传统。这些艺人大多来自不同的乡镇，平时他们是普通的农民。虽然对于外行而言，十二木卡姆是一门高深莫测、技艺高超的艺术，但对艺人们来说，演奏木卡姆只是生活中习惯的一部分。每个巴扎日，民间艺人自发组织，轮流进行木卡姆表演，周边赶巴扎的村民则习惯来此一聚，跳一曲麦西热甫[1]。夏天，公园的树荫下摆起木床和长椅，瞬间变身为凉爽的露天茶馆。

---

① 莎车老城每周日巴扎上举行民间自发性的一种麦西热甫，被称为巴扎麦西热甫。

夏天文化公园里的露天茶馆

在木卡姆音乐伴奏下起舞的村民

手工艺一条街上的商业建筑

东关社区某民居，建筑面积392.1平方米；占地面积580.5平方米。

较之于传统民居的内向性，手工艺一条街上的商业建筑装饰特征则十分明显，外观上有着丰富的立面造型和精美的砖木装饰，大量运用几何形和植物纹样。二层以上的商业建筑，则往往在二层和三层设连廊。由于传统业态的衰弱，手工艺一条街两侧留存下来的传统商业建筑大多破败不堪，有一些甚至已成为危房。这里介绍的则是一幢难得的保存完好的传统商业建筑，建筑临街3层，内部2层，目前院落内部仍为原主人居住，沿街底层的商铺则出租给五金店铺。

这座建筑是主人在近20多年间逐步建成的，据主人介绍，最早的沿街部分建于20世纪90年代。建筑年代虽不久远，但以沿街二、三层连廊为主体的传统风貌非常完整，仅从外观几乎分辨不出它的具体年代。从院落内的连廊、柱式、建筑层高等则可以辨别出不同时期的建造痕迹，反映了莎车民居在继承传统的基础上与时俱进的特点。其中，客厅的柱廊最能反映主人的富足程度，柱头的式样模仿了莎车加满清真寺，客厅内部的壁龛装饰则十分精美，长桌上始终整齐摆放着传统的点心和干果，随时迎接着客人的到来。

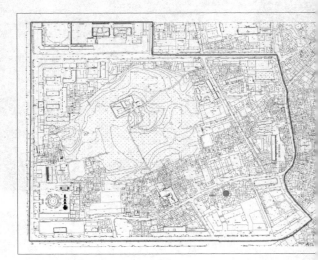

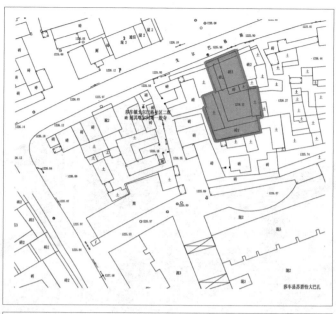

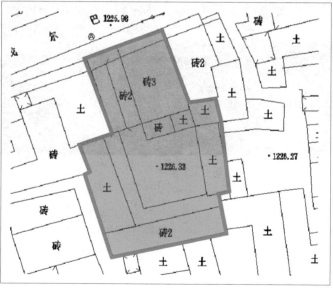

东关社区某民居不同尺度的平面，分别为在国王陵历史文化街区中的位置（左图）、手工艺一条街上的位置（上图）、建筑总平面（下图）

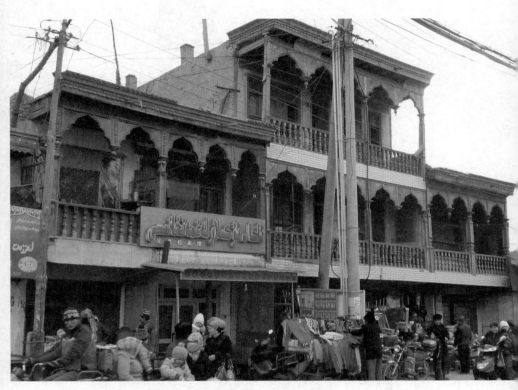

东关社区某民居沿街外观

东关社区某民居院落内部
不同时期的建筑（上图），
以及模仿清真寺式样的柱
式（下图）

东关社区某民居沿街建筑内立面

东关社区某民居客厅内部装饰

莎车老电影院

莎车老电影院位于手工艺一条街北侧，建于对苏贸易繁荣的1951年，占地面积264平方米，建筑面积170平方米。尽管是座袖珍型的小电影院，却在莎车老城风光一时，建筑室外的空地则兼做夏季电影院。据周边居民回忆，莎车老电影院由乌兹别克人建造，参考了俄罗斯的建筑式样，同时也融合了莎车的本地元素，主立面朝向内部广场，为7开间柱廊。建筑由生土材料筑成，柱式、檐口、雕花等原始建筑构件依旧留存。莎车老电影院不论从其历史功能，还是建筑形式，可以说是莎车传统公共建筑中的孤例。但是建筑长期弃置不用，年久失修，柱廊以下的空间则被搭建占用，总体而言建筑质量非常差。

左图、上图：莎车老电影院的花饰和柱廊

街区更新要点

莎车老城目前还不为世人所熟知，老城的旅游基本上可以说是处在未发展的原始状态。对于一个历史文化内涵如此丰富的历史文化名城，旅游发展为改善老城民生将带来的变化是可以预期的。在保护规划的编制中，我们也对莎车老城旅游发展的策略和具体措施作了一定的建议，其中首先考虑的对象即为戈尔巴格路手工艺一条街。

手工艺一条街目前面临的最大问题是传统业态的退出以及随之带来的整体衰败。虽然传统的木器、服饰、铁艺、医药等行业仍有一定的生存空间，但已远远不能概括莎车传统手工艺的丰富内涵。虽然地处遥远的祖国南疆，但这里的传统手工艺也在机器规模化生产的影响下逐渐凋敝。随之而来的，是沿街建筑的整体衰败，只能从仅存的几幢有着精美阳台的老建筑中，依稀看到街道往日的风采。因而，手工艺一条街的风貌恢复固然重要，但是更为重要的则是如何保护和传承莎车的传统手工艺，扶持民间艺人及手工艺者，将莎车的传统技艺、传统艺术、传统服饰、传统医药、传统美食、手工工具制作等重新吸引回来。在这方面，一揽子鼓励政策的设计和制定远比规划方案来得重要，传统业态的衰败并非一日之寒，唤醒其活力则需要更多的智慧。

在这条传统商业街的两侧，还有一些体量比较大或者弃之不用的公共建筑，规划中考虑将它们改造利用为公共文化和旅游配套设施，比如将莎车老电影院改造为民族剧场，将苏碧怡商贸市场改造为旅游巴扎，巴扎日民间艺人聚集的文化公园则予以保留。

一系列具体化的规划措施也是必不可少的。例如，加强公共空间环境的整体打造，将街道的宽度控制在10米，限制机动车通行，创造舒适的步行环境。对街道两侧的建筑，通过对建筑测绘

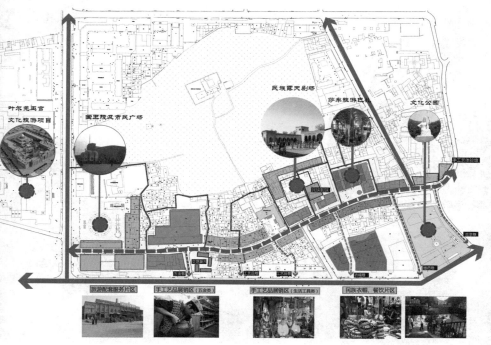

手工艺一条街的业态更新策略和更新重点区域示意图

沿街建筑及连廊效果图

材料的总结，将建筑高度整体控制在10米、3层以下，局部建筑可加建为3层，但仅限于加建3层连廊。建筑外立面按照传统风貌进行"一户一设计"，避免同一立面单元连续出现。对有历史的商铺、老茶馆、餐厅等建筑进行保护与修缮。在纵向的小巷，结合现有的街道分工，明确衣帽巷、工艺品巷、医药巷等专业商街，增加其纵深。

莎车县前些年在戈尔巴格路的西段，也就是历史上西出金门的一段，进行了整体的建筑立面改造，这一段在改造之前与今天的戈尔巴格路在风貌上极为相似。从改造的效果来看，虽然建筑的质量有了明显的整体提升，但是新建建筑的体量普遍过大，细节处理也不够到位，某些建筑改造后反而破坏了传统风貌。底层店面、道路铺装、人行道设计、道路绿化、街道家具、道路亮化工程等均未能得到统一考虑，使得整体环境品质不尽如人意，同时也没有起到吸引传统手工艺业态的效果。未来手工艺一条街的改造要特别注意对建筑体量进行研究，一方面，严格按照现有的地籍线进行逐幢改造，避免出现连续单一的立面处理；另一方面，现存的几处传统商业建筑则是最佳的参考案例。

沿街建筑的重建按照原有的建筑间距，不改变传统建筑的体量

戈尔巴格路西段建筑立面改造前

戈尔巴格路西段建筑立面改造后

● 古老而尊贵：奥尔达库勒历史文化街区

　　奥尔达库勒历史文化街区以原生态住区为特色，街区空间整体呈现出朝向水源地的向心结构，传统的空间肌理非常清晰。在三个历史文化街区中，这一街区的原住民最为密集，街区内还有大量的手工艺传人，非物质文化遗产丰富，是最能反映莎车老城传统社会生态的街区。

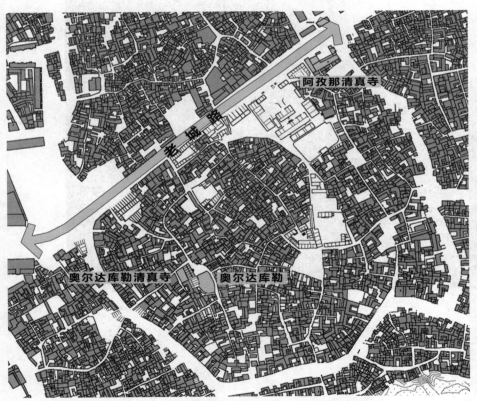

奥尔达库勒历史文化街区街巷肌理图，主要街巷两侧都曾建有水渠

王宫的水源

　　莎车老城沿着自东向西的发展轨迹，喀喇汗王朝时期的中心位于阿孜那清真寺附近，之后叶尔羌汗国的中心逐渐向西偏移到今天的加满清真寺和奥尔达库勒街区，再继续往西则是清代的汉城和莎车县的现代城市中心。以贯穿回城的老城路为界，历史上回城的南侧是王宫、大清真寺和贵族居住区，北侧是普通的平民区。"奥尔达"是维吾尔语中"王宫"的意思，从这一名称推断，奥尔达库勒和清真寺很有可能是王宫水源和王宫清真寺，暗示了叶尔羌王宫历史上的大致位置。

奥尔达库勒清真寺及寺前广场

逐水而居的街道

　　向水的生存需求造就了奥尔达库勒街区纵横交错的街巷空间结构，它们围绕着库勒层层展开。这些小巷最窄的仅有1米，最宽不过4米，大多数仍是生土路面。这些街巷中，有些至今仍能依稀看到两侧水渠的痕迹。维吾尔族人喜爱户外活动，除了自家的院落，家门口也常常摆有大木床，砌有土凳，成为邻里交往的空间。在规划中，我们在莎车老城中判别出39条需要重点保护的风貌街巷，以保护其走向、宽度、植被、传统铺装、两侧建筑风貌不受旧城

奥尔达库勒街区中的街巷

街角空间也是邻居交往的场所

改造活动的影响。其中，有11条位于奥尔达库勒街区内。

奥尔达库勒街区的民居

除了纵横交错、独具魅力的街巷空间，奥尔达库勒街区的民居建筑也是莎车老城里最为精美的。在叶尔羌汗国时期，围绕着王宫居住的大多是大臣、贵族、学者和宗教人士，他们都是奥尔达库勒街区最早的居民。丝绸之路文化的多元包容在这里得到了最好的印证，街区里有着众多来自乌兹别克、伊朗、阿富汗等中亚国家的移民家庭，他们大多在叶尔羌汗国时期作为宗教人士、医生或商人来到这座闻名遐迩的丝绸之路名城，原本只是过客的他们，最终在这个美丽富饶的绿洲城市定居下来，几百年来繁衍延续成为街区内的大家族。

① 铁木尔胡加社区某民居1

建筑面积116.5平方米；占地面积616.2平方米。

这座建筑至今已有200多年的历史，其最早的主人是莎车历史上著名的皇家经学院宗教人士。这座建筑为典型的"米玛哈那式"住宅，建筑平面呈简单的"一"字形，由中间的前厅（代立兹①）、左侧的客厅（米玛哈那②）及右侧的卧室兼冬季厨房（阿西哈那③）构成。建筑的主体面积不到100平方米，而连廊的面积却有56平方米，由此可见连廊对于维吾尔族居民生活起居的重要性。这幢建筑的连廊宽度达到2.4米，单层建筑的高度达到4.4米，生土外墙的厚度则有0.97米。作为普通的民居，莎车老城内的生土建筑很少能够达到这样的建造尺度。房间内的地漏、双层窗、壁

---

① 维吾尔语中"前室"的意思，在一组基本生活单元中，既是通往左右两个主要房间的通道，同时也起到风斗的作用。

② 一组基本生活单元中主要起居和卧室的大房间，有客人来访多在此接待，墙上多有壁龛和挂毯装饰，体现着主人殷实的程度。

③ 维吾尔语中"食堂"、"饭馆"的意思，一组基本生活单元中的次卧室，一般也会将冬季厨房安排在此。

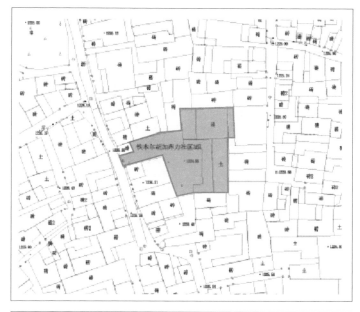

铁木尔胡加社区某民居1不同尺度的平面，从上至下分别为民居组团中的
位置、建筑总平面

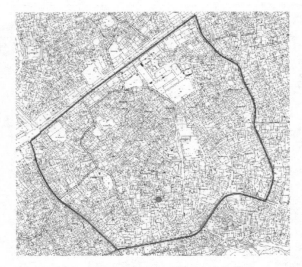

铁木尔胡加社区某民居1在奥尔达库勒街区中的位置

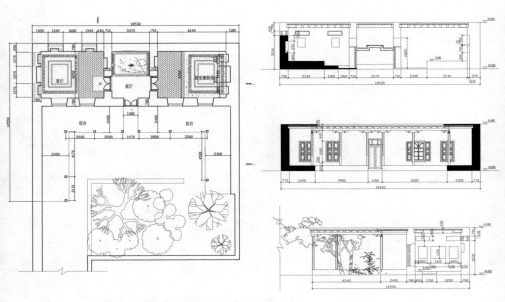

铁木尔胡加社区某民居1建筑测绘图

龛、天窗都保存完好。这是街区内少有的从建筑结构到细部装饰都没有任何改动的米玛哈那式住宅，虽然规模不大，但是所包含的建筑信息却非常丰富。为了保存这些可贵的信息，我们对其室内外进行了全面的测绘，并将其推荐为历史建筑予以保护。

目前这座建筑4代同堂、6人居住。据80多岁的老母亲回忆，过去在奥尔达库勒旁边有学校（可能是历史上的经学院），库勒有进水和出水两条水流，缺水的时候家里则有井水作为补充水源。

由于家庭规模的扩大，这座民居曾经经过一次分户，院子的面积比最初的有所减小。尽管房屋的质量比较差，但这户主人仍希望能完整地留住老房子，如果家庭有需要也只在院子里加建一些用房，而不能破坏老房子原来的面貌。

铁木尔胡加社区某民居1建筑细部，从左至右分别为双层窗、灯台、地漏

铁木尔胡加社区某民居1建筑室内

② 铁木尔胡加社区某民居 2

建筑面积425.9平方米；占地面积1020.5平方米。

这座建筑的占地面积比较大，超过1000平方米，由于用地上有高差，自然地形成了两个小院落。在传统"一"字形米玛哈那式民居的基础上，发展出一组"凹"字形院落和一组"L"字形院落。这座建筑的建成时间仅有20年，应该说比较新，但是在风貌上却很好地延续了莎车传统民居的平面布局和细部处理方式，建筑结构上则是今天更为普遍的砖结构。这就是莎车维吾尔族民居的特点，对传统的继承完全是一种自觉的行为。有意思的是，分隔两个院落的土坎，据称曾是叶尔羌王宫宫墙的位置，如果有条件对于街区内有类似地形特点的院落进行详细的调研，也许能够发现叶尔羌王宫的蛛丝马迹。

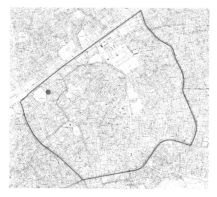

铁木尔胡加社区某民居2不同尺度的平面：
上左图：奥尔达库勒街区中的位置
下左图：民居组团中的位置
下右图：建筑总平面

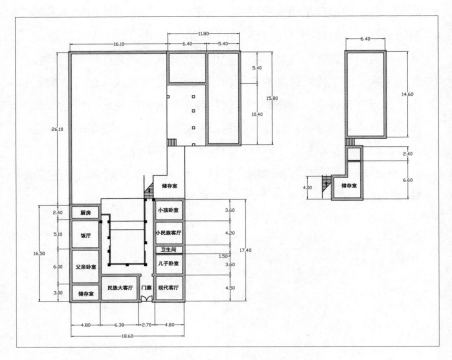

铁木尔胡加社区某民居2平面测绘图

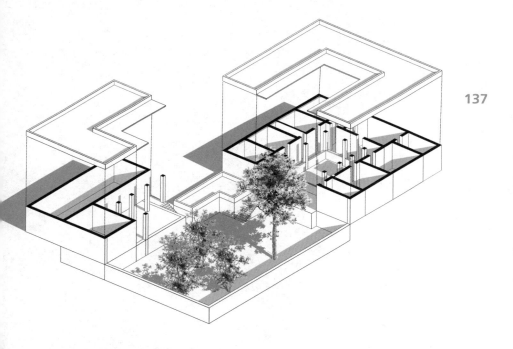

铁木尔胡加社区某民居2轴测图

铁木尔胡加社区某民居2柱廊细部

铁木尔胡加社区某民居2"凹"字形院落

③ 铁木尔胡加社区某民居 3

建筑面积 266.5 平方米；占地面积 352.8 平方米。

莎车老城内用地宽松，大多数民居为单层建筑，这座建筑则是比较少有的两层民居。它的主人曾经活跃于对苏贸易中，建筑精美的装饰反映了主人家庭的殷实。建筑的外墙极为朴素，内部则处处体现出主人的见多识广和对装饰细节的注重，门、窗、柱头、垂花、天顶，无一处不是精心刻画。客厅顶棚的藻井式样工艺繁复，一般只会在清真寺中运用，在民居中则很少出现。

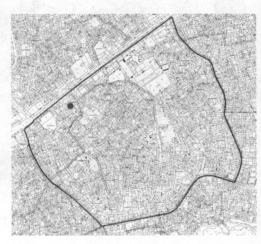

铁木尔胡加社区某民居 3 不同尺度的平面图：

上右图：奥尔达库勒街区中的位置

下左图：民居组团中的位置

下右图：建筑总平面

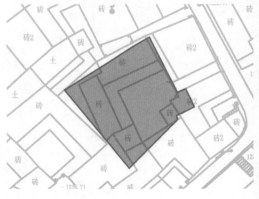

铁木尔胡加社区某民居3的院落（上图）和外墙（下图）

铁木尔胡加社区某民居3的顶棚藻井

铁木尔胡加社区某民居3的垂花

院落中的手工艺作坊

莎车民居建筑外墙多为生土墙，对外很少开窗，色彩绚丽的大门几乎是唯一的装饰元素，对内开敞的院落和连廊空间则是生活起居的中心。普通民居内的连廊，不仅作为家庭室外客厅和餐厅使用，有时也成为相邻手工艺活动的聚集点。在莎车老城，比较普遍的手工艺制作包括刺绣、绣花帽、刀具制作、皮革加工、纺织、铁匠、缝纫等。为了帮助手工艺人传承技艺、增加收入，社区选择了一些家庭院落集中定点，作为推广传统作坊式手工艺制作的示范点。

街区更新要点

① 保护传统民居和推广手工艺活动

不论是街道、建筑还是生活方式，奥尔达库勒街区的原生态特点是其最有价值之处。规划中基本上采用"小微更新"的思路，对基础设施的改善方案极为慎重，对街巷网络的沟通尽可能不破坏街巷肌理。街区内至今还有大量的手工艺人，非物质文化遗产的积淀较为深厚，因而建议在社区推广传统手工艺作坊的工作中，结合街区内优秀民居的修缮，选择风貌上较具代表性的传统民居，增加其传统手工艺推广、制作和展示的功能。

② 改造奥尔达库勒广场

受到向水结构的影响，莎车老城的库勒在空间上几乎成了每一个社区组团的中心。其中，奥尔达库勒是其中规模较大也是最具典型意义的一处库勒，占地面积688平方米，但目前已弃置不用。规划建议未来能够利用库勒空间作为传统空间中心的作用，将场地改造为社区广场，应对老城居民对公共绿化和广场的诉求。作为避难疏散场所的一部分，改造后的库勒具有多重用途的城市功能。

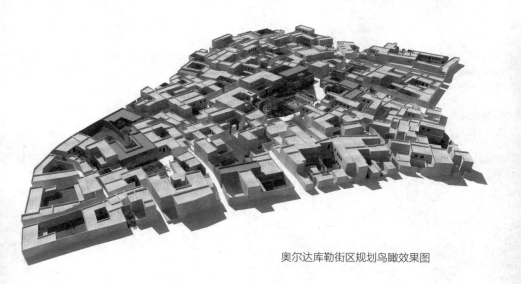

奥尔达库勒街区规划鸟瞰效果图

社区中的传统手工艺示范点组图

莎车自古就是多民族聚居的区域，在漫长的历史进程中，逐步形成以维吾尔族为主体的多民族聚居区。在物质载体上，莎车现存的加满清真寺、阿孜那清真寺的建筑局部及内部装饰上都有着大量多元文化的痕迹。其中，全国重点文物保护单位莎车加满清真寺是老城中规模最大、历史悠久、保存完整的清真寺，该寺的建筑风格是典型的本地建筑文化与伊斯兰建筑文化的结合，同时融合了佛教中的艺术元素，是莎车多元文化的杰出代表。街区内民居围绕清真寺分布，形成了典型的以清真寺为中心的空间格局。

加满清真寺历史文化街区范围，以加满清真寺为核心

加满清真寺

规划中将三片历史文化街区的建设控制地带集中连片，从而形成占地约78公顷的莎车老城历史集中区，整体制定保护与发展的对策，保存完整的历史信息，集中改善基础设施和环境品质，全面提升城市功能，而加满清真寺在区位上则位于这一整体更新区域的核心。

150

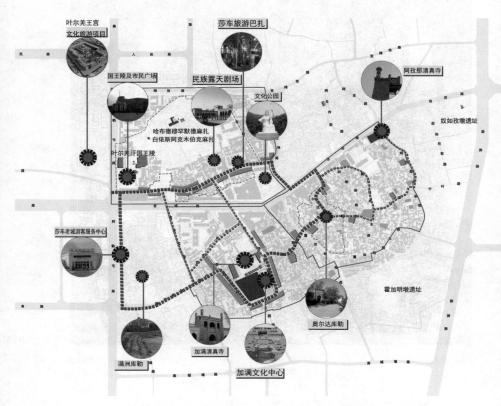

规划中有意识地将三个历史街区集中连片，在保护和更新过程中制定统一的发展策略

短短100米的加米阿勒迪路却是连接加满清真寺和奥尔达库勒的重要通道

加米阿勒迪路上的两户优秀民居

街区更新要点

　　加满清真寺历史文化街区在三片历史文化街区中具有相对较好的用地调整条件，位于清真寺南侧的地块为基本空置的厂房，有超过1公顷的用地条件，可以结合清真寺集中展示莎车的多元文化特色，建设加满文化中心。

　　加满文化中心包括三大规划功能：莎车多元文化展示中心、

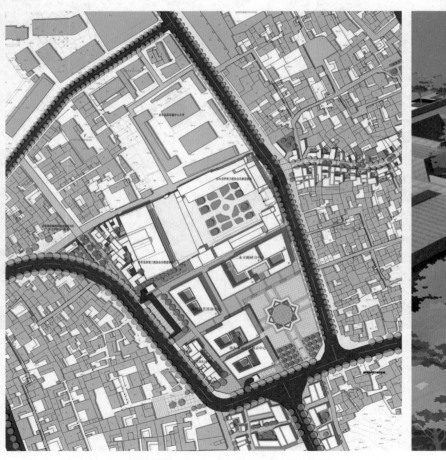

加满文化中心规划效果图，利用工业用地置换建设而成

十二木卡姆研习中心以及传统技艺培训中心。为加强手工艺传承，促进就业，这组建筑纳入较多的职业培训功能，增加街区居民就业的机会；同时也让民间艺人走进课堂，帮助和鼓励他们开班讲学，扩大传承规模。应十二木卡姆民间艺人的要求，在老城内为他们新建一处兼具交流、研习和短期住宿功能的场所，方便这些来自各个乡镇的艺人们在节庆、农闲时来此相聚。

二、传统空间格局的延续

1. 空间分形的启发

分形理论的基本概念

数学奇才伯努瓦·曼德勃罗（Benoit Mandelbro）在1975年创造了"分形"（fractal）这个词，来自拉丁语的"碎片"（fractus），提示这个词反映了破碎、片断和不连续性。分形学大大拓展了欧几里得的经典几何学，提出大自然中实际上不存在经典几何学中光滑的直线和圆形。曼德勃罗不遗余力地描述分形的重要性："云层不是球形的，山脉不是锥形的，海岸线不是环形的，树皮不是光滑的，闪电并非直线运动……自然界不仅展示了高度的复杂性，同时展示了其不同层面。"分形理论对于我们理解现实世界具有突破性的意义，自然界看似粗糙、杂乱无章、支离破碎的不规则外观下，隐藏着有序的内在秩序。它对于城市规划的启发在于，规划本身是一种人为干预的活动，在传统城镇为了使这种活动尽可能贴近城市发展的自然状态，需要找到其中的内在规律，并进而尝试在一定程度上模拟自然秩序。

空间的递进：组团—院落—分户—建筑

在莎车，以库勒为中心的民居组团，继续细分为更小的基层组团和民居院落，然而院落并不意味着空间递进过程的终结。南疆老城的维吾尔族居民有着稳定的家族观和分户的传统，总是尽可能将自家院落的空间用足，以支撑不断庞大的家庭体系。这种空间迭代的过程与《非洲分形：现代计算模拟与本土设计研究》一书中所描述的非洲农村地区空间演化有着类似的特点。在这本书中，建筑复合体的建筑法则被称为"建筑增殖"（architecture by accretion），聚落空间的演化在亲缘关系和农业生产的影响下，表现出明显的自相似性递进特点。

当然在有限的空间内这种努力并不是无止境的，例如在喀什老城用地极其紧张的条件下，分户后的居住单元向空中甚至向地下发展，从而逐渐造就了喀什老城内上下错落、迷宫般的空间形态。相较于密集的喀什老城，莎车老城的用地条件较为宽松，从老城内三个传统社区的调研情况来看，分户的比率大约是1.23户/院落。分户对于住宅用地的压力较小，大多数的莎车民居院落都是带果园和连廊的米玛哈那式单层住宅。虽然从街道上看，以生土围成的院墙密不透风，然而一旦走入庭院，则是另一番充满生机的生活场景。这种外收内放的居住空间形态，形成了一个围绕家庭起居的小环境，既有利于阻挡风沙，同时具有最佳的热工效应。

在莎车所体现的"大漠绿洲—林网水网—库勒水渠—居住组团—居住院落—分户院落—民居建筑"不断细分出的空间组织结构，借助分形理论的观点，有着自相似性、层次性和递归性的基本特征。整体中存在着等级不同、规模不等的次级系统，次级系统自身又成为一个完整的整体，不断重复。而从整体中细分出来的任何部分，都仍能体现出整体的基本精神与主要特征。

南疆建筑受到伊斯兰文化的影响，不论是清真寺、纪念陵、商业建筑还是普通民居，拱廊、柱饰、门窗、天花、砖雕等装饰细节和建筑结构本身呈现出明显的自相似特点，所谓"一个形状包含了小尺度的自身形状"。类似的规律还出现在南疆传统工艺品的装饰纹样上，这些模拟自然的分形特征反映了真实的外部世界，从而呈现出强烈的"地域特征"，使人们感受到熟悉和温暖。老城区在逐步缩小的比例尺下不断呈现出新的细节，从城墙环抱以抵御沙漠侵害的城市，到由库勒和清真寺界定适应一定人口规模的街区，到不断分户后逐步形成内外有别的居住院落，最后到细微的建筑装饰，从整体到局部，有着一系列连续、不断裂的空间细节变化。在这一变化的过程中，看似随机的空间形态保持着一种内在的稳定，"就像'签名'一样体现了它们的本质"。

上图、右图：莎车传统建筑中无处不在的自相似特点组图

空间分形的倒退

在莎车的实例中，从回城、汉城、新中国成立后的多层居住区，到近年建成的新区，空间分形的复杂程度越来越低。《分形学》一书中对现代主义建筑"功能失调"的原因进行了这样的叙述："分形复杂度极低，一直退步到了欧几里得的风格。"新近建成的居住小区在空间上一览无余，随着比例尺度的变化，传统街区不断展现新细节的惊喜不复存在。

如果借用心理分形的理论，人们在传统城市的城墙—街区—组团—院落—建筑的空间序列变化中，心理的归属感始终贯穿其中，在每一个空间层次，随着公共空间向私有空间的递进，空间所产生的庇护效应也在递进。空间递进的最后一个层次私有院落，其本身所产生的小环境效应给人以安定和舒适的感觉，从而使人们产生对家园的认同。而新建小区的建筑之间出现大量空白的"闲置空间"，居住建筑毫无遮挡地暴露在严酷的环境中，组团空间的塑造又没有实现心理屏障的作用，空间的逐步递进过程被公共空间到私有空间的跳跃性变化所取代，整体和局部的基本精神难以过渡，使得这些新建居住小区缺乏生命力和安全感。

	奥尔达库勒街区	清末 汉城
选定区域规模	800m*800m	800m*800m
建筑类型	低层建筑	低层建筑
建成年代	叶尔羌汗国时期	清末
建筑密度(%)	39.6	29.2
开放空间比例(%)	55.8	65.7

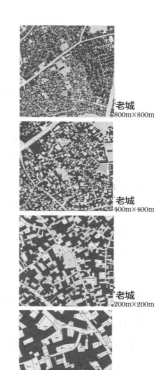

新城
800m×800m

老城
800m×800m

新城
400m×400m

老城
400m×400m

新城
200m×200m

老城
200m×200m

莎车新城和老城不同
尺度的空间细节比对

新城
100m×100m

老城
100m×100m

新城路周边	城南新区
800m*800m	800m*800m
低\多层建筑	多\高层建筑
1980年代	2000年以后
22.3	15.7
61.2	58.9

800×800米网格中，
莎车不同历史时期的建
筑密度和开放空间比例
比对

分形的延续

分形理论提示了空间复杂性中具有本质意义的隐藏规则。它的重要原则之一是"标度不变性",随着聚落尺度和规模的发展变化,其蕴涵的精神和发展理念是贯穿始终的。在大漠绿洲古城莎车,千百年来对天然水源的依存关系形成了从广阔的城镇区域到单个居住单元的空间"暗号",继而决定了其不同尺度层面上的空间结构形态。随着基础设施的高度发展,这种依存关系在最近的50年间突然减弱了,城市空间的演化偏离了传统的核心。生态安全虽然仍是南疆城市空间拓展的主要约束条件,但是就城镇内部的空间发展而言,却在很大程度上不必再以水源作为结构核心。今天,朝向水源的传统空间规律更多地是提炼成了城镇的人文环境特征,空间组织的方式在自发展的过程中其本身已成为未来发展的"原型"。保持这种"原型"的连贯性,在社会文化和心理学上的意义将超越其功能性意义,对于营造具有归属感的人居空间所产生的作用是不可忽视的。

2. 城墙公园

回、汉双城结构奠定了莎车老城的城市空间骨架,限定了老城的空间边界。目前,回城只留下南北不到100米的老城墙,大部分改变为街巷或被民居建筑所覆盖,但是城墙围合的约2.14平方公里的老城结构仍很清晰,走向仍可识别。

针对城墙遗址沿线的不同现状条件,对于强化城墙边界大约分为以下几种情况:

① 对仅存的城墙遗迹,严格保护并拆除违章搭建,整治遗址周边环境,竖立标示牌。

② 对改变为街巷的段落,进行整体的环境整治,包括道路硬化、街道家具的设置(指示牌、路灯、座椅等)、两侧建筑的立面整治等。

右图:莎车老城街巷内的一处库勒

③ 城墙遗址穿越麻扎或民居的部分，暂不予改造。今后随着老城更新改造活动的推进，将民居部分予以拆除，尽可能实现完整的城墙展示通道。

④ 目前历史城墙沿线空间局促，能够集中展示的地块不多，因而对局部有空间放大余地的位置，建议进行主题空间的建设。如人民公园城墙遗迹处，结合文化休闲功能，进行城墙遗址主题公园的建设。

上图为现有城墙遗存及周边环境实景图，下图为整治效果图

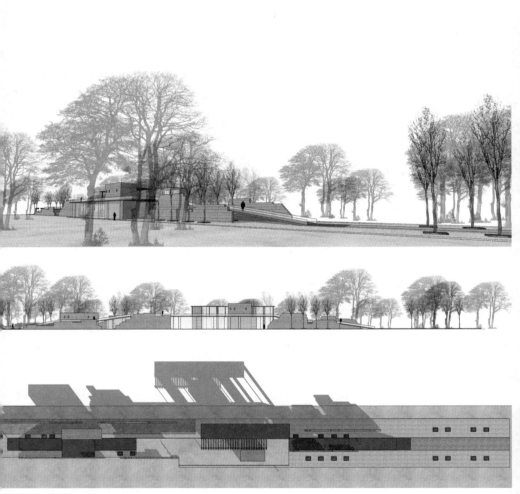

城墙人民公园段的主题场馆效果图

3. 老城风貌总体控制

（1）历史城区保护控制层次划分

为了配合莎车县全面推进旧城改造工作，协调遗产保护与旧城更新的关系，规划按照不同的保护和控制要求，将莎车老城的保护与整治工作分为三个层次：4平方公里的历史城区风貌协调区、2.14平方公里的历史城区、94公顷的历史城区核心区。

分层保护的核心为建筑高度控制，项目组对传统民居进行测绘所采集的数据是确定建筑高度控制要求的基本依据。按照对街区内保存完好的传统建筑的测绘，总结出莎车传统民居的建筑高度特点为：

① 一层生土建筑高度为4~4.5米；

② 二层传统民居建筑高度约6.8米（一层3.5米，二层3.3米）；

③ 三层传统民居均沿商业街，建筑高度约9.5米（一层3.5米，二、三层3米）。

以此为依据，规划对历史文化街区内二层建筑的控制高度确定为7米，三层建筑的控制高度确定为10米。

（2）历史城区风貌协调区4平方公里

原回城城墙两侧的建筑高度控制在二层、7米，并建议逐步恢复城墙格局，沿线有空间的位置建议增加文化旅游设施，逐步形成叶尔羌城墙文化旅游线路。

原回城城墙沿线控制区的外围区域，建筑高度适当放宽到18米，适用于建造多层住宅，以接纳一部分老城内分户需要疏解的人口，以及市政基础设施建设需要拆迁的人口。同时，为老城更新改造以及为旅游发展配套需要较大面积的设施功能，如安置房、旅游集散、停车场、接待设施等，优先安排在该区域内。

（3）历史城区2.14平方公里

该区域基本上依据历史上回城的位置，并结合现状道路划定。

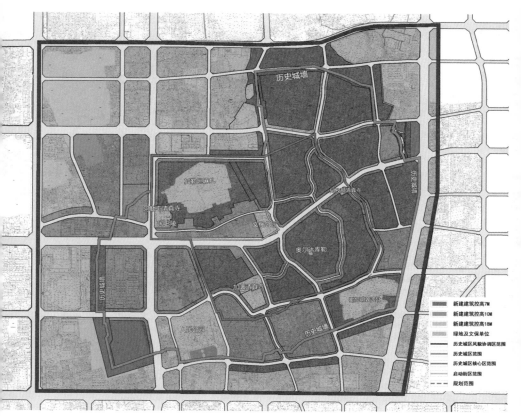

莎车老城风貌分层控制示意图

这一区域内，街坊内建筑高度控制在二层、7米，沿街建筑高度控制在三层、10米。其中，沿街建筑三层部分的建设仅限于建造连廊。严格保护该区域内的传统街巷网络，不作不必要的拓宽和改线。其中，涉及道路拓宽的情况，必须进行沿线居民的听证、组织专家论证，充分研究实施的可能性，慎重确定方案。

历史城区内绝大多数为居民私有产权房，建议以原址改建或原址重建为主，不宜重新划分开发更新单元，对原有地籍进行大规模的调整。有关地块的合并、拆分等重组地块权属的活动，均需要充

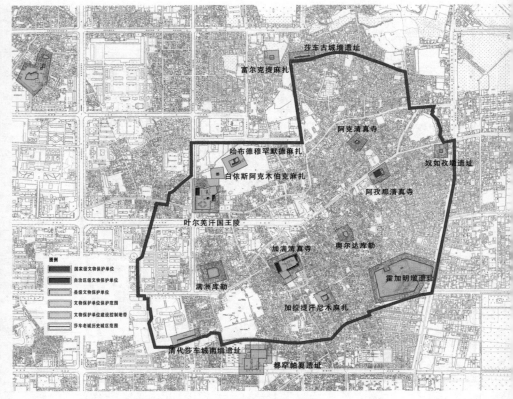

莎车老城历史城区中的各级文物保护单位及其保护范围

分尊重居民的意愿。院落内若需加建面积，应尽可能安排在院内空地，或安排在核心区外围，尽可能保持整体一层的传统风貌。

（4）历史城区核心区94公顷

这一区域包括了《莎车历史文化名城保护规划》中明确的三片历史文化街区，同时，为了对老城现存街巷肌理较为完整的区域进行整体性的风貌保护，将阿孜那清真寺北侧区域也划入历史城区核心区，保护控制措施上则参照现有的三片历史文化街区。

三、民居建筑的改善

1. 生土建筑材料

为适应特殊的地理环境和自然条件，新疆各族人民千百年来智慧地选用当地建筑材料，并在不同地区发展出各具特色的材料运用、结构组织、空间构成方式。其中，最具代表性的是采用生土和树木。在新疆除了沙漠和山区之外，利用生土建筑房屋的方式几乎遍及全境。新疆的土质大部分为黏性大孔性土质，潮湿时强度极低，干燥时相对坚硬。若用生土加水拌和搅匀做成土块，干燥后则强度又可增强。因而，就地取材的生土材料，历来都是新疆民居建筑用材的主要选择。

在莎车老城，经过不间断的修缮更新，目前老城的三个历史文化街区内的民居建筑结构形式以砖木为主，占75%。而传统的土木结构在翻新的过程中逐步被替代，目前仅占17%，土木结构的弃用，似乎是一个难以逆转的趋势。

从生土材料的砌筑方式来分，大约可分为干垒法、湿垒法和土坯砌筑三类。

（1）干垒法：是用加水极少的潮湿黄土，掺以一定比例的沙粒或直径1厘米以下的小石子，铲入按房间尺寸要求在墙体部分预先围好的木制夹板槽内，分层夯实，一般每层在20～30厘米左右。每夯实至夹板槽高度后，将夹板提升再填黄土，再夯实，不断提升，达到所需高度后即成为一片墙体。干垒土墙的厚度在50厘米左右，待生土墙体晾干坚固后，再凿出门窗洞口，嵌入门窗框，一般这种洞口都非常小。有经验的工匠也会在门窗洞口位置的上方预先埋入木过梁，与上层填土一起夯打，这样墙体干燥后在其下方所凿出的洞口就较为坚固，不致有泥土塌落。

夯筑墙体所围合面积的大小、宽窄均以作为梁架的树木尺寸为依据。在新疆，由于松木、杉木等优良树种生长在海拔1500米以上，比较富足的家庭才有条件使用。而一般的家庭，大多采用杨木、柳木为材料，这类树种直径较小，因而一般民居的跨间距限制在4～6米。

（2）湿垒法：是用黄土、沙子、少量麦草或其他植物纤维加水搅和，至可塑状，由地面层层叠堆而成，下宽上窄，而且在施工时堆到一定的高度后必须等其干硬后才能继续加高。这样逐层堆垒到一定高度后，再用工具将墙面铲平，凿出门窗洞口。这种墙体的下部宽60厘米以上，到达顶部宽约40厘米。

（3）土坯砌筑法：这种方法是生土再加工的技术进步。制作土坯有两种方法，一种是将生土掺水拌和至可塑状，直接铺在平整的地面上，厚度在10厘米左右，并将其切割成块，晾干后逐块收起使用。另一种是在拌和的过程中再添加适量的麦草等植物纤维，倒入土坯模具中，制作成相同体积的土块，较为整齐，晾干后可以泥浆为胶逐层砌筑。土坯墙体的厚度一般为45～60厘米，采用两丁一顺的砌筑方式则可达到80厘米以上。在莎车，分隔廊架和内室的土坯墙体厚度达到60～90厘米。另外土坯砌块的使用，为建筑的造型提供了多变的可能性，房间的大小、形式和高低，建筑形体的凹凸和折拐，都可以按照户主的需求进行设计砌筑，从而使建筑的形式丰富起来。

左图：莎车老城中的一条传统街巷，建筑、巷道均用生土材料筑成

生土外墙加琉璃砖装饰，是莎车清真寺传统的建造方式

2. 建筑平面布局

基本生活单元

　　由一明两暗三间房间，组成了一组基本生活单元。在汉族民居建筑中，一明两暗的中间为大间，通常作为中堂，是家庭起居会客的重要空间，两侧则较小。而维吾尔族民居的一明两暗则是中间小、两侧大。中间为"代立兹"，维吾尔语中"前室"的意思，面

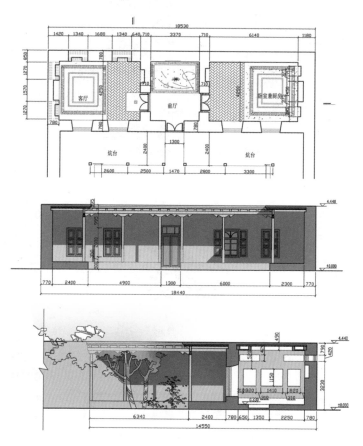

一组基本生活单元

宽在3米左右，既是通往左右两个主要房间的通道，同时也起到风斗的作用。"代立兹"的左侧为"米玛哈那"，是作为主要起居和卧室的大房间，面宽加大到6～9米，有客人来访多在此接待。"代立兹"的右侧则是"阿西哈那"，维吾尔语中"食堂、饭馆"的意思，大小与左侧相同，有时会偏小，为次卧室，供老人和小孩使用，一般也会将冬季厨房安排在此。

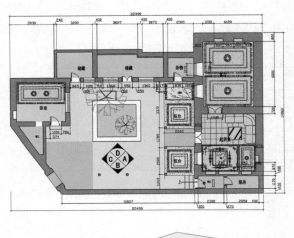

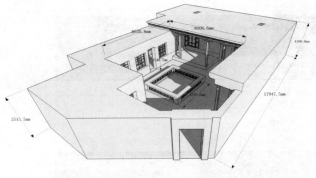

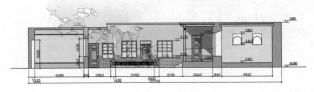

"L"形变化：在基本生活单元的基础上，在单侧加入新的组合，大多作为卧室或储藏室

由此三间组成的基本生活单元，人口少时一组即可，人口较多或经济较为富裕的家庭，则可以由两到三个单元组成一组建筑。莎车老城的用地较为宽松，传统民居基本上以单层平房为主，多为一组单元，平面较为简洁和舒展，很少出现两层的建筑。根据院落用地的大小和形状，又通过基本单元的拼接，形成"L"形和"凹"字形等形式的变形。

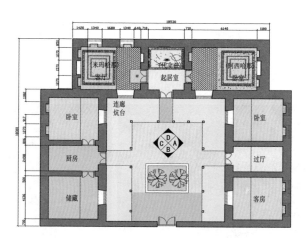

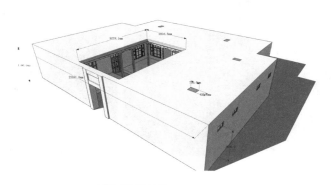

"凹"字形变化：由三个基本生活单元组成，一般适用于人口较多的家庭，形成方正的院落

连廊

　　一年中除了严寒季节之外，莎车老城居民都习惯于室外起居，半室外的连廊便成了家庭起居和邻里交往的重要场所，是莎车民居院落中必不可少的元素。大多数民居采用对外开放的单面檐廊，与室外连为一体，既通畅又可遮荫，避免阳光直射到室内。这里实际上是第二起居室，家庭起居的设施用品和家具都会摆放在此，不少家庭将连廊放宽，一日三餐都在炕台上进行。作为重要的待客场所，连廊也彰显着主人的富足程度和审美喜好，其装饰千变万化，极具民族特色和个人风格。

半露天的"炕台"是莎车人家庭生活起居的中心

右上图：用地宽敞的条件下，可以形成两边甚至三边连廊

右下图：这家主人是做瓜果生意的，连廊顶棚下挂满了瓜果，也有一些放置在特别制作的固定架上，这是一种传统的贮存瓜果的方法，可以将9月产的瓜果一直保存到来年的春节前后

厨房

　　维吾尔族民居的基本生活单元中没有独立的厨房，一般只是在某个房间内布置一角炉灶，而且只是在冬季不宜室外活动时才使用。一年的大部分时间，炊事活动都是在室外进行的，厨房或布置在院内一角，或设在连廊一端，或只是搭一个开放式的棚架，在很多情况下是开放式的。现在条件较好的家庭，在翻新房时也会在院子里加建一处独立的厨房。

兼做冬季厨房的阿西哈那

果园

莎车老城的三个历史文化街区中，户均人口为3.5人，户均占地面积为122.9平方米，户均建筑面积为103.9平方米。总的来说用地较为宽松，大多数家庭都带有一个面积不小的院落。莎车民居不论是土木结构还是砖木结构，建筑外观均极为封闭、朴实无华，对内开敞的院落空间则是另一番景象，除了不可缺少的连廊之外，通常还会有一处果园，院内种满了桑树、杏树、葡萄、无花果、石榴、玫瑰、月季、夹竹桃等植物，果树成荫，环境幽雅。为了夏季避暑，在内院搭建葡萄架也是普遍的做法，并且常常与连廊相连，相当于延伸了室外起居的空间。

半地下室

为适应早晚温差、冬夏温差，并躲避夏季强烈的阳光，莎车民居同其他南疆城镇民居类似，多有采用半地下室作为储藏空间的做法。一般将半地下室的上部三分之一露于地面之上，这样就可以解决通风和采光的问题。

连廊至半地下室的通道

不论面积大小，果园是老城民居中必不可少的，葡萄架则又延伸了室外起居的空间

屋顶

南疆干旱少雨，屋顶很少考虑下雨排水的问题，莎车的民居建筑多为密梁平顶，采用生土草泥屋面。屋顶同时也是堆放杂物、饲养家禽的地方，比如莎车很多家庭，都有在屋顶上放置鸽笼的习惯。在没有良好的卫生设备之前，有些家庭甚至在屋顶上搭建厕所。室内的房间，往往在屋顶上开天窗用于采光、通风。

3. 建筑局部

莎车民居既讲求实效，又富于创造性，在基本稳定的平面布局和建筑式样的基础上，建筑构件和色彩则丰富、多样、有趣，极具装饰效果。传统的莎车民居，朝向内院的窗户一般为双层，内层是玻璃，外层是不透光的木板窗。夏季白天关上木板窗，可以隔绝窗外热气，保持室内的凉爽。院落是莎车传统民居生活起居的核心空间，因而内立面的装饰处理十分丰富。尤其是内部廊柱的装饰，无论柱式、拱券、栏杆、墙体砌筑、墙体表面还是檐口、水落、顶棚、线脚、图案等均得到精心处理。正如同济大学罗小未教授所说的，建筑是一种正面的艺术，人们在创造建筑的过程中，总是竭力把自己认为更美好、更理想的生活憧憬融于其中。

柱式

连廊的柱式最能反映主人的审美情趣，邻里之间常常在廊柱的用材、尺度和样式上相互攀比，也是整幢建筑中最花钱的部分。南疆大规格的木材较为少见，因而从柱子的用材上，也能反映出家庭的富足程度。在装饰处理上，附近清真寺的柱式则常常成为居民争相仿效的对象。

连廊的柱式最能反映主人的富足程度和审美情趣

檐口

　　莎车民居连廊的檐口大多为木质硬檐，与柱廊浑然一体。比较考究的人家会在木料上绘制色彩鲜艳的图案，并将砖块切割磨制成异型砌块，在檐头砌出线脚以增加美观。在装饰纹样上，维吾尔族居民喜用几何形和植物纹样，如瓜果梨桃、蔬菜、风景等，不使用动物纹样做装饰。

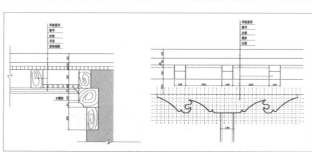

铁木尔胡加社区某传统民居建筑细部实景图和测绘图

莎车民居建筑的檐口式样组图

阳台

　　莎车曾经是丝绸之路南道上的重镇，从古至今，商贸的繁荣始终是莎车生活中的一大主题。老城中的商业建筑主要集中在手工艺一条街和老城路这两条传统商业街道，这是自古以来莎车商品集散和交换的场所。较之于传统民居的内向性，莎车传统商业建筑的装饰特征具有鲜明的表现力。二层以上的商业建筑，往往在二层或三层设连廊，通常有精美的砖木装饰和色彩丰富的图案，在阳光下产生强烈的阴影效果。出于功能上的考虑，阳台往往与建筑通长。而普通民居中，阳台则是生活拓展的空间，在檐口和门窗装饰上更为讲究。

传统商业建筑的二层阳台组图

传统民居建筑的内阳台组图

过街楼是南疆密集的民居建筑群中扩大家庭建筑使用面积的一种方法，通常是因为家庭人口增多，或者为了适应分户的需求。过街楼实际上占用了一部分公共街巷的空中面积，因而其建设需要通过四邻的同意。在南疆名城喀什，由于人口多，用地少，过街楼比比皆是，成为喀什老城的一大景观。而莎车老城的用地相对较为宽松，过街楼的形式较少出现，即便出现也多为"半街楼"，很少会有两侧过街楼将街巷上方完全盖住的情况。

上图、右图：莎车老城中的"半街楼"

漏空墙

传统的莎车民居，建筑用材较受局限，大多为土坯或砖块。为了丰富视觉形象，同时也为了更好地通风，在民居建筑中出现了许多虚实相间、以几何图案拼接的漏空墙处理方式，配合大面积厚重的土、砖墙面，在满足功能性要求的同时，极大地丰富了建筑的美感。

莎车老城中的漏空墙组图

门窗

　　莎车是以维吾尔族为主体的多民族地区，民居中门窗的做法也融合了各民族的特点，互相模仿借鉴。同时，伊斯兰宗教建筑门窗

莎车老城中千姿百态的门窗式样组图

的形式，也对普通民居产生了一定的影响。由于莎车民居对外的封闭性，大门几乎成为唯一的标志。因而居民大多会在大门的门楣、门扇和门框的制作上精雕细琢，大做文章。

4. 建筑室内

客厅装饰

莎车民居多在室内墙壁上设有传统的壁龛，精雕镂空的石膏装饰、木雕造型、磨砖拼花、油画彩绘等均被大量运用。客厅中正对长桌的壁龛往往放置着刺绣精美的绸缎被子，墙壁上挂着名贵挂毯，象征着主人家的殷实程度。

194

莎车民居室内装饰组图

顶棚和藻井

莎车民居的顶棚处理偏爱采用密梁的形式，小规格的用材既弥补了地方性木材的限制，同时材料的外露、紧密的节奏，加上精心设计的色彩，都使得建筑更加美观并具有地域特色。在客厅室内，一些富裕的家庭还会在顶棚上制作藻井，装饰各种线条和图案，使得整个房间富丽堂皇，与众不同。

莎车民居的顶棚和藻井组图

室内采光

莎车维吾尔族居民喜爱户外活动，只要不是严寒季节，大部分起居都在室外进行，对房屋内部的采光要求比较低。为了抵御夏季强烈的阳光，连廊与室内房间之间传统上做成双层窗，木板窗对外，玻璃窗对内。在房间尺度比较大的情况下，室内的辅助采光通风多采用开高窗的形式，有时则直接通过屋顶天窗采光。

莎车民居的室内采光多采用高窗和天窗

5. 建筑色彩

生活在沙漠地区，一边是无尽的荒漠，一边则绿树成荫，生机勃勃。因而在装饰用色上，莎车居民也偏爱蓝、绿等明亮的颜色。蓝色代表着天空，是最纯洁、最神圣的颜色，绿色则代表着生命，体现出人们对自然的敬畏和对美好生活的向往。由于在檐廊下不受阳光曝晒和风沙的侵蚀，图案和色彩能够较为长久地保存下来。

右图：莎车民居的装饰用色偏好蓝色、绿色等明亮的色彩

民间对建筑色彩的大胆运用，有时会出现一些意想不到的效果

6. 优秀民居

在民居建筑的普查工作中，项目组共完成了三个历史文化街区共1907户的建筑入户调查，并为每幢建筑建立了图文档案。其中将特别具有代表性的建筑划定为"优秀民居"，对有条件进行测绘的录入各种建造信息，以期为莎车老城留下一套完整的民居档案。一方面总结莎车民居建造的传统经验，另一方面也有助于在老城更新改造之后，对实施效果进行回顾和评判。

莎车民居建筑普遍延续了传统特征，但因不间断的维修改造活动，很多建筑已经难以判断具体的建筑年代。根据这一特点，我们在对"优秀民居"的选择中并未将房屋建造年代作为主要的评判指标，大致分为两种情况：一类是保存完好的生土建筑，在老城中完整留存的情况已经非常少见，它们对于体现莎车传统民居的原始特征具有重要价值；另一类则是近年来居民自我修缮、风貌传承特点比较突出的民居建筑，虽然建成时间不长，但是对莎车历史城区的民居改善活动具有示范性的作用。

"优秀民居"的具体认定标准为：

① 风貌保存完好、质量较好的生土建筑；

② 传统院落空间格局保存完好，对于反映莎车传统空间格局具有重要价值；

③ 传统建筑风貌特征突出，能够反映多时段修建的特点；

④ 建筑局部具有特殊的建筑美学价值，如有2～3层连廊、内阳台、半街楼、原始的建筑构件、特殊装饰元素等。

我们在历史文化街区范围内，共认定54处"优秀民居"，并将其中特别突出的23处推荐为"历史建筑"，建议下一步由地方政府进行挂牌保护。从这些优秀民居的分布情况来看，54处中有28处位于奥尔达库勒街区，再次证明了这里是莎车原生态建筑保留最为完整的街区。位于老城路北侧的国王陵历史文化街区，虽然分布着大量高等级的文物保护单位，但是民居建筑的代表性却是三个街区中最为薄弱的。尤其是作为莎车老城传统商业街的戈尔巴格路手工艺一条街，两侧的建筑基本上已经丧失了传统风貌，但保存下来的几幢沿街建筑则特别精美，可以想见在丝路贸易繁荣的年代，叶尔羌城中这条汇聚了中亚各国商人的街道，曾经有过的美丽景象。

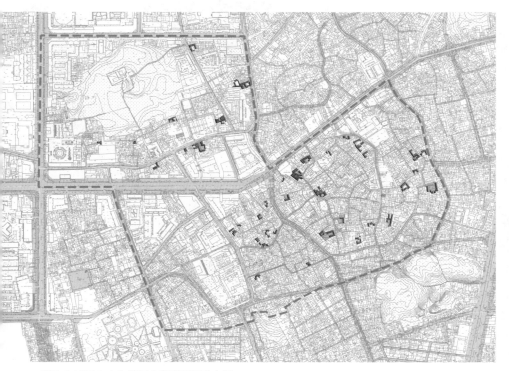

莎车老城历史文化街区内优秀民居分布图

编号 SC-030	社区名称	门牌号	建筑质量	建筑风貌	建筑年代	建筑结构	建筑高度	是否优秀民居	是否历史建筑
	铁木尔胡加库力社区		好	二类		砖木结构	一层	是	是

莎车国王陵、加满清真寺及奥尔达库勒历史文化街区 优秀民居图则		建筑细部
	现状评价	砖木结构，院落方正，两层建筑； 依据传统式样、以传统材料进行装修； 建筑细部制作精细，特别是大门砖雕装饰最具特点。
用地面积 129.5㎡　**建筑面积** 105.4㎡	整修建议	保持原有院落及建筑结构； 日常保养，保持现状，使用相同材料进行修缮，改善建筑内部，完善市政设施。

优秀民居及历史建筑图则示例1

编号 SC-014	社区名称	门牌号	建筑质量	建筑风貌	建筑年代	建筑结构	建筑高度	是否优秀民居	是否历史建筑
	戈尔巴格社区		好	一类		砖木结构	一层	是	否

			建筑细部

现状评价	院落四周采用传统风貌的连廊设计，院落内部架起棚架，种植花草等植物，门窗、柱式、檐口、墙面等细部都进行了精致的装修，提升了建筑质量，并使得建筑的传统风貌得以延续。

用地面积	建筑面积	整修建议	保持原有风貌的同时，避免瓷砖、铁架等非传统的现代化设施和构件对于传统风貌的破坏。
384.4m²	266.4m²		

莎车国王陵、加满清真寺及奥尔达库勒历史文化街区　优秀民居图则

优秀民居及历史建筑图则示例 2

编号 SC-020	社区名称	门牌号	建筑质量	建筑风貌	建筑年代	建筑结构	建筑高度	是否优秀民居	是否历史建筑
	铁木尔胡加库力社区		好	一类		砖木结构	一层	是	否

莎车国王陵、加满清真寺及奥尔达库勒历史文化街区

优秀民居图则

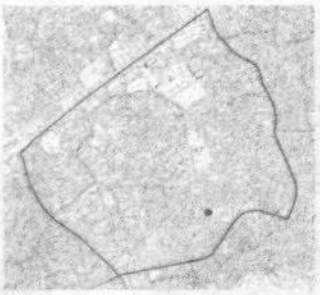

现状评价	建筑结构为砖木结构，院落完整；依据地形，形成狭长的L形院落；连续高大的柱廊是该户最大的特点。
用地面积	建筑面积	整修建议	保持原有院落及建筑结构；建议对院落附属建筑立面进行整改，去除瓷砖，采用生土色涂料粉刷。
218.3m²	121.2m²		

建筑细部

优秀民居及历史建筑图则示例 3

编号 SC-033	社区名称	门牌号	建筑质量	建筑风貌	建筑年代	建筑结构	建筑高度	是否优秀民居	是否历史建筑
	铁木尔胡加库力社区		一般	一类		砖混／木结构	一层	是	是

莎车国王陵、加满清真寺及奥尔达库勒历史文化街区

优秀民居图则

建筑细部

现状 评价	该户占地面积较大，形成完整的凹字形院落，柱廊和果园是最大的特点； 连续的柱廊造型优美，色彩明快，雕花精致； 是莎车老城内少有的保留有二层连廊的民居建筑。

用地面积	建筑面积	整修 建议	严格保护原有的院落空间格局和二层连廊； 建议对建筑入口进行整改，采用传统材料和做法； 二层连廊现状质量较差，建议尽快进行整修。
578.7m²	367.2m²		

优秀民居及历史建筑图则示例 4

7. 建筑分类保护与整治

莎车老城历史文化街区内的传统风貌整体完好，但单体建筑往往难以判别具体的建造年代，其风貌呈现均质化的特点。其中，除了通过调研鉴别出的"优秀民居"，以及街区内原本已录入的各级文物保护单位之外，还有大量的一般传统民居。此外，还有一些是结构体系完全变化的新建住宅和公共建筑，其中不乏建筑较高、体量较大，对传统风貌有影响的建筑。因而针对街区内建筑风貌、质量以及使用功能的复杂情况，规划中作出不同的保护与整治对策。

（1）保护

各级文物保护单位，严格按《中华人民共和国文物保护法》的规定进行保护和修缮工作。

（2）修缮

对于"优秀民居"，按照传统结构、材料、工艺、建筑元素、色彩等进行修复。对部分存在墙体倾斜、结构变形的传统民居应尽快进行抢救性维修。对院落中的违章搭建及简易棚进行拆除，恢复院落原有空间格局。

（3）改善

对一般传统风貌建筑采取改善的措施，按传统风貌进行整修和更新，改善建筑内部，保护具有历史文化价值的细部构件或装饰物，对建筑结构、材料、工艺等在符合传统风貌特征的前提下允许进行改善和更新。如需扩建、改建或拆除新建，应保留原有历史信息，并与历史城区的各项保护控制要求相符。

（4）保留

与传统风貌协调且质量较好、有较为重要的使用需求、近期新建的建筑，规划予以保留。

（5）整治改造

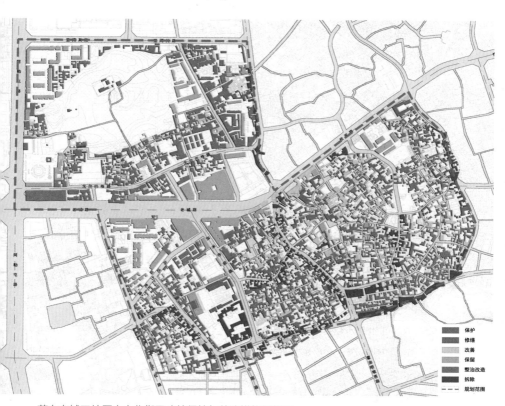

莎车老城三片历史文化街区建筑保护与整治措施规划图

① 传统风貌建筑中，加建、改建活动破坏了传统风貌的，需要采取整治、改造等措施，使其符合历史风貌要求。

② 与传统风貌不协调的新建建筑，采取整治、改造等措施，使其符合历史风貌要求。此类建筑需要进行整体的风貌整治，有条件的情况下可根据项目进行拆除，并按传统风貌及高度控制要求新建。

（6）按项目拆除

建筑质量极差，与建筑风貌极不协调，破坏历史城区整体风貌的建筑，或因道路交通等市政基础设施建设必须拆除的建筑，按项目予以拆除。

8. 分户更新实施方式建议

以院落为单元，莎车老城内绝大多数住宅是私有产权。相应地，对老城保护与更新工作的实施，也必将是以院落为单元展开。规划中结合建筑保护与整治方式，对历史文化街区内的民居院落提出相应的分户更新建议。配合这一系列措施建议的提出，还需要政府相关部门出台相应的政策予以保障。

（1）保护修缮

规划甄选出的54处"优秀民居"是莎车老城内传统维吾尔族民居的典范，政府应安排统一的专项资金保障这部分民居的保护修缮工作。其中有一部分是传统的生土建筑，在日益频繁的改建过程中已所剩无几，目前的质量都比较差，更应当作为抢救性保护的对象，尽快修缮恢复。

（2）保留

近年新建的住房，其体量、高度与传统风貌相符的，规划予以保留。

（3）原址改建

对于一般的传统风貌建筑，也就是大多数的民居院落，按传统风貌进行整修和更新，改善建筑内部，保护具有文化价值和民族特色的细部构件或装饰物，对建筑结构、材料、工艺等在符合传统风貌特征的前提下允许进行改善和更新，原则上建筑面积不变。

（4）原址重建

因年久失修而造成安全隐患的传统建筑，或自行加建、改建后与传统风貌不协调的民居，建议采用原址重建的改造方式。拆除后在保留原宅基地不变的基础上，按照传统风貌及高度控制要求新建，原则上建筑面积不变。

（5）拆除

建筑质量极差，与建筑风貌极不协调，破坏历史城区整体风貌的建筑，或因道路交通等市政基础设施建设必须拆除的建筑，规划予以拆除。拆除后根据居民的意愿，采取异地安置或货币安置的方式，其中异地安置在历史城区周边安排。

在制订这一系列规划措施的过程中，一个基本的观点是，传统民居不是文物，除非其价值特别突出，或有特殊的历史文化内涵，若是仍然作为住宅而使用的传统民居，都不建议将其列入文物保护单位名单。传统民居需要不断地适应新的居住需求，并受到技术进步的巨大影响。比如莎车传统上建造的生土建筑，很大程度上是因为在交通运输不便利的年代，极大地受制于建筑材料的选择。今天人们有条件采用更为坚固耐用的建筑材料和结构，在没有看到特别具有说服力的生土建筑改造实例之前，传统生土材料的淡出也是在情理之中的。实现对生土建造技术的继承延续需要有一定的技术干预，提供能够适应现代生活，同时成本较为低廉、具有推广价值的实际改造案例；或者通过生土建筑专项补贴的形式，鼓励居民采用生土技术进行房屋更新改造。对于目前已经为数不多的原生生土建筑，则应由政府出资，请专业施工队伍进行修缮维护，留下珍贵的样本。

9. 民居建筑修缮导则

　　建筑大师贝聿铭先生在谈及建筑创作中关于"空间性质"的问题时说，"首先要明确这些空间的性质，须知无论它们设计得如何好，如果不具有它在社会、经济或政治上的存在理由，是不会成功的"。莎车民居在空间布局上既便于家庭起居，又能兼顾街坊邻里的交往及手工生产，建筑材料和外形上则具有较好的热工效应以适应南疆严酷的气候特点，这使得传统建筑形式始终焕发着旺盛的生命力，今天人们仍然喜欢住在带连廊的维吾尔传统院落里。

210

　　莎车人民对家园的热爱，反映在其对自家房屋的修缮方面，往往倾尽全力，这种自觉传承、自我更新的特点是一种非常可贵的品质。从三个街区的问卷调查结果来看，70%的居民认为只需要进行

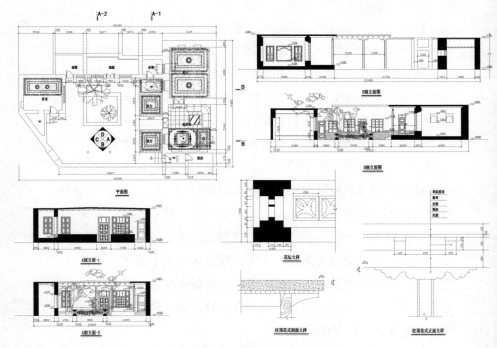

对于优秀民居的详细测绘是编制民居建筑修缮导则的基础

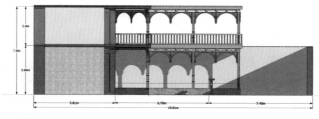

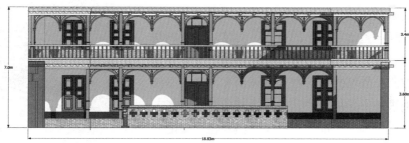

二层建筑高度、开间和门窗尺寸指导图

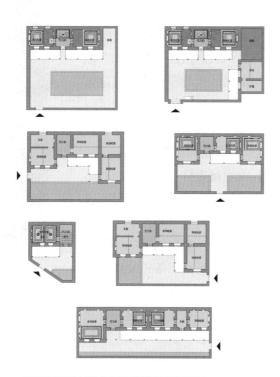

适用于不同基地情况的院落布局指导图

适当的内部改造、局部加建和粉刷，就可以改善自己的住房条件，并不认为需要将房屋推倒重建。原地、局部的改造，在莎车老城可以作为一种较为普遍的民居更新方式。

对老城内的民居建筑更新，我们尝试通过编制《莎车县历史城区传统民居更新与公共环境整治导则》的方式，对建筑风貌的基本要素，如建筑高度、建筑体量、院落布局方式、外墙材料等在实地调研和测绘的基础上进行一定的总结，给出适当的技术参考。导则最为重要的作用是防止破坏性建设的发生，而莎车居民在改善自家房屋过程中所表现出来的智慧，是无法用图纸来概括的。

许多维吾尔族的传统手工艺都与传统建造技术有关。例如列入自治区级非物质文化遗产的伊什库力编席，就与莎车的传统建筑技艺息息相关。苇子是建造新疆传统民居所必需的一种乡土建筑材料，可以编织成席，捆扎成苇把子用于屋面，或打碎后加入生土中制成土块，或直接夯打成土墙。同时苇席也可铺于炕上，用以隔开土炕与被褥，或作为墙面席，编制前还需将苇条用色染成自己所喜好的色彩。再如，繁复精美的砖雕技艺，起初只是用于建造清真寺等重要的公共建筑，现在也逐渐流行于商业建筑和民居建筑。若传统的建造方式发生变化，这些与之相关的工艺也将不可避免地衰弱下去。

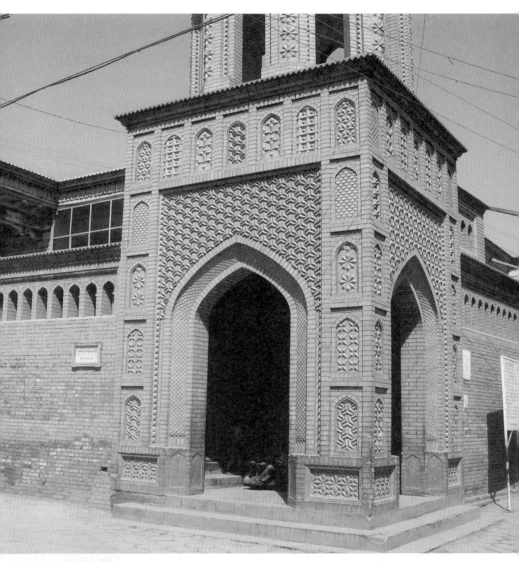

莎车精美的砖雕

四、艺术传承

1. 十二木卡姆研习

为彰显和传承维吾尔十二木卡姆艺术，在老城的西侧新建了十二木卡姆传承中心，作为艺术团体培育、演出的场所。但是，民间艺人们更希望能够在他们熟悉的老城内有互相切磋技艺的场所，文化公园巴扎日的自发表演即为一种朴素的表现。维吾尔木卡姆源于民间，在莎车，民间艺人的文化程度普遍不高，他们中大多数人不识乐谱，木卡姆的传承主要依靠口传心授。在与十二木卡姆传承

位于老城西侧的莎车十二木卡姆传承中心

人的访谈中得知，十二木卡姆艺人大都来自周边的农村，最近的乡到县里也有七八十公里路程，他们聚在一起交流切磋十分不易，其中还有不少是70多岁的老人。冬天农闲的季节是最方便民间艺人定期聚会学习的时间，因而非常需要一个或若干个能够接待民间艺人的"家庭式研习中心"。

对于这一诉求，规划建议通过两种方式予以实现。一是结合加满多元文化传承中心进行建设，形成莎车老城内规模最大的研习中心；另一种方式则是结合民居院落的更新改造，纳入一部分的民间研习和接待功能，这种方式更有家庭氛围，或许将更受到艺人们的认同。

十二木卡姆传承中心的演出

2. 传统手工艺

　　莎车自古以来是多民族、多元文化的汇聚之地，传统手工艺种类繁多，例如有小刀、雕花、马鞍、驴鞍、摇床、乐器、打馕炊具、地毯、刺绣、巴旦姆花帽、艾德莱斯绸、铜壶、铜盆、铁制农具等。目前，传统手工艺品营销的主要方式是通过经济合作社，收购家庭作坊的手工艺品统一销售。

　　在莎车老城内的各个社区，大都结合社区中心设置职业技术的社区教学点。同时，各个社区也会选择一些比较有特色的从事手工艺制作的家庭，作为展示传统技艺的示范点。

萨热依库力社区的传统手工艺社区教学点

艾德莱斯绸工艺

"艾德莱斯"一词源自印欧语系和突厥语系，艾德莱斯绸是莎车具有代表性的传统手工艺，也是国家级非物质文化遗产。莎车作为丝绸之路重镇，蚕桑生产历史悠久，素有"绢都"之称，所产的艾德莱斯绸质地柔软、轻盈飘逸，是维吾尔族妇女做衣裙最喜欢的绸料。

艾德莱斯绸以生丝为原料，其最大的特点为印染工艺，采用古老的扎经染色法，即在经纱上扎结染色，先按图案要求，于经纱上加以布局、配色、扎结，然后分层染色、整经、织绸。这种染色方法通过染液浸润，可使图案轮廓有自然形成的色晕，各种颜色呈现出参差错落、疏散而不杂乱的效果，具有浓郁的民族特色。

萨热依库力社区有一位艾德莱斯绸纺织传承人，至今还以家庭手工作坊形式生产。从染色到编织，这项手艺在家中已经传了三代。主人的家既是作坊，也是店铺，购买艾德莱斯绸的客人有很多是慕名而来，也有一部分卖给批发商。进门后的客厅木床、墙壁上铺满了各种样式的艾德莱斯绸。进入内间，则是不足20平方米的工作间，只能放下2台织机。1匹6.5米的艾德莱斯绸，需要连续织上2天。

这位艾德莱斯绸传承人虽然有着精湛的祖传手艺，却始终受到发展的困扰。家里既是作坊又兼做店铺，按照现在这样时有时无的销售情况，收支难以平衡，更新设备困难重重。莎车老城里很多手工艺人，都面临着类似的发展问题，众多传统手工艺的价值尚不为人所知，其附加值还远远没有释放出来。面对莎车老城的就业问题，对这些传统手工艺的宣扬和推广，给予一定的政策扶持，提供一定的场所空间，正可以作为提高老城就业水平的一种积极手段。

莎车出产的艾德莱斯绸

右图：只能放下两台织机的工作间组图

左图、上图：艾德莱斯绸传承人家中的客厅兼做店铺，从染色到编织都在自家作坊里完成

维吾尔族乐器制作

　　维吾尔族能歌善舞，乐器制作技艺也有着悠久的历史，起源于汉代的古龟兹国，至今已有两千多年的历史。按结构和演奏规律，维吾尔族乐器可分为吹奏乐器、弹拨乐器、弓弦乐器和打击乐器等四大类，主要乐器有都塔尔、热瓦甫、艾捷克、达甫、胡西塔尔、萨它尔、卡龙、巴司、锵等。

老城的一家维吾尔乐器店

维吾尔族乐器的制作是一件十分精细的工作，由于品种繁多，制作方法不同，所选用的材料也不一致。每一种乐器都要根据乐器的特征，选用桑木、杏木、榆木等木料，均用纯手工制作而成。乐器的制作十分重视装饰，在琴杆、共鸣箱上都用牛角、牛骨，经过处理和切割后，组成方形和菱形图案镶嵌在乐器上，使乐器既成为一件得心应手的工具，又是一件艺术品。

维吾尔族花帽制作

　　绚丽多彩的莎车花帽历史悠久，据《西域图志》记载，"帽顶红色，织花绣纹，均不缀缨"。莎车维吾尔族花帽的种类众多，在戈尔巴格路手工艺一条街的支巷上有一条专门的"帽子巷"，人们根据自己的年龄、性别、爱好和习惯来选择不同的花帽。女性的花帽斑斓艳丽，男性的花帽淡雅朴素；青年人的花帽时尚华丽，老年人的花帽则凝重端庄。

　　莎车维吾尔族花帽有丰富的文化内涵，不同花帽的图案有不同的含义。例如巴旦木花帽，是莎车维吾尔族经常戴的花帽之一，其

维吾尔族花帽制作

图案是用莎车特产的巴旦木杏核变形和添加花纹而成，颜色多用白花黑底。花帽制作以优质的丝绒面料，配色彩各异的丝绒编织，疏密有致地穿插，巴旦木花纹透出独特的韵味。在此基础上，还衍生出"双巴旦木"花帽和"曲曲热巴旦木"花帽等。

维吾尔族铜器制作

铜器是维吾尔族工艺品中的珍品。莎车维吾尔族铜器制作技艺历史悠久，在11世纪喀喇汗王朝时民间已有了铜制品。莎车维吾尔族传统使用的铜质"阿布都"（洗手壶）、"其拉布奇"（接水盆）、"潘德努斯"（端盘）、"皮亚勒"（碗）、"恰依旦"（茶壶）等铜器，均做工精细，雕有花纹和图案，不愧为实用的艺术品。维吾尔族人还将做工精巧、造型独特、富有民族特色的铜器作为工艺品摆设在家里，作为一种装饰。有的维吾尔族民间铜器制作传承人还将铜器放大，做成2米高的巨型铜壶、茶壶，上面镂刻有各种伊斯兰风格的图案和花卉，摆设在庭院里。

莎车的铜器制作主要靠手工完成，不使用机械，而红铜原料都是从内地运来的。做每一件铜器工艺品，都要从选材开始，铜皮要求质量高，厚薄均匀，色泽好。锻打是铜制品的一项重要的工艺，铜器的凸凹部分和弧形部分全都是用铁、木榔头一点点锻打出来的。锻打时，用力要匀，过猛容易将铜皮打透；用力过小，铜皮不平整，影响质量。镂花则是另一项重要的工艺，一件铜质工艺品的档次，很大程度上取决于镂花工艺，刀法要匀，线条要美，要自然，这样看起来生动逼真，富有艺术效果。铜器和铜质工艺品的图案和花纹都没有固定的样本，是工匠根据自己平时的积累和观察，将各种图案和花纹印记在心，镂刻时根据铜器面积的大小或工艺品的造型进行构思，然后再在上面镂刻。图案和花卉的构图讲究留有一定的空间，讲究图案的对称，并要根据不同的部位选择不同的图案和花卉，这样才能达到艺术的效果。

手工艺一条街上的铜器铺

维吾尔族摇床制作

莎车维吾尔族人有给婴儿使用摇床的习俗，婴儿出生后就要放在摇床里抚养。在婴儿40天时，要举行婴儿上摇床的仪式，维吾尔语叫"毕须儿托依"。维吾尔族的摇床设计非常科学合理，有"须麦克"(导尿管)、"甲克"(接便盆)，不用尿布，非常卫生。摇床一般高60厘米、长100厘米、宽40~50厘米。看似狭小的摇床，实际上使用起来非常平稳。

维吾尔摇床全用卯眼和榫头嵌镶而成，不用铁钉。在结构上，摇床由梁、边板、床板、接口、拼板、弧底等部件组合而成，刨面材料制成的摇床柱料都经过雕刨处理，每一根柱料上都有序地刨雕着苹果、石榴、葫芦、手镯等花样，美观大方，极富艺术感和立体感，再经过拼接、雕刻和油漆处理后，形成了复杂而耐看的几何图案。

手工艺一条街上的一家摇床店

3. 传承展示的载体

莎车的民间艺术、手工艺种类繁多，不胜枚举，上述提到的只是其中常见的几项。而从目前来看，这些非物质文化遗产的瑰宝，大多数并不为世人所熟知。几百年来承载着众多传统手工艺的戈尔巴格路手工艺一条街，今天早已衰败凋零，售卖传统手工艺品的店铺渐渐退出，两侧的建筑也都破败不堪，很难想象其往日的繁华景象。也因此，莎车县政府将以这条传统手工艺街道的恢复性改造入手，逐步开展整个老城的保护整治工作。但是，仅仅在空间和建筑等外部载体上完善，并不能解决其根本性的业态问题。在这方面，可以说莎车老城的资源非常丰富，传统的艺人还在，传统的手艺还在，他们分散在老城的各个角落，若是将他们的技艺集中展现出来，那么莎车老城的吸引力将是非凡的，而维吾尔族手艺人也将在此过程中体现出他们应有的价值。

家庭式生产方式是莎车传统手工艺的一个重要特征，也是莎车老城传统社会生态的有机组成部分。民居院落仍将是莎车非物质文化遗产传承、展示的主要载体。我们在社区调研的工作中，特别将各个社区中仍然从事手工艺生产的家庭标示出来，这些家庭有的在社区的帮助下，在自家院内有一定规模的作坊，而更多的则是类似于那位艾德莱斯绸传承人，仅仅依靠小型、独立的家庭式生产。若能给予这些手艺人一定的扶持，帮助他们修缮院落，扩大销售渠道，并将他们的生产过程生动地展现出来，无疑可以起到改善民生和传承技艺的双赢效果。

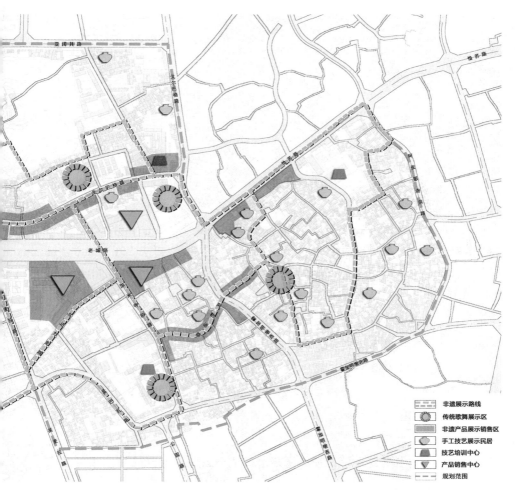

	非遗展示路线
	传统歌舞展示区
	非遗产品展示销售区
	手工技艺展示民居
	技艺培训中心
	产品销售中心
	规划范围

莎车老城历史文化街区非物质文化遗产保护规划图

后记

　　本书的形成得益于《莎车历史文化名城保护规划》编制工作中收集的大量资料及形成的研究成果。《莎车历史文化名城保护规划》为上海援疆规划项目，由上海同济城市规划设计研究院、上海市浦东新区规划设计研究院组成援疆规划联合团队，在上海市援疆规划专家顾问组的指导下，于2013年3月启动编制工作，2016年1月通过新疆维吾尔自治区专家评审。其间，莎车于2013年12月成功申报成为新疆维吾尔自治区级历史文化名城。

　　在莎车古城的调研过程中，上海市对口支援新疆工作前方指挥部莎车分部给予我们的巨大关怀和帮助，使我们在遥远的祖国南疆体会到了亲人般的温暖。莎车县政府各部门，尤其是老城内的社区干部不厌其烦地陪同我们深入社区，没有他们的热情帮助，调研工作将无从入手。

　　书稿完成时，莎车老城区的更新改造工作还没有实质性的展开，因而涉及每幢建筑如何改善、每条街巷如何整治的具体问题上，还无法得出答案。莎车老城建成情况十分复杂，既有地域特色浓郁的优秀民居，也有大批急需改善的危旧住房。而但凡涉及大量、成片的旧房，总是同许多社会问题纠缠在一起，往往只能通过实践的检验和调整才能找到恰当的方法和途径。正是由于缺乏实践的检验，本书所涉及的内容仍然趋于皮毛，一些观点的提出也并不一定十分准确，这都需要进一步的探索。另外，对南疆维吾尔族文化的深入了解绝非易事，缺乏在当地生活的经验，加上语言、文字的隔阂，使得我们对于莎车传统文化的理解难免产生偏差。但无论如何，能参与编制莎车古城的保护规划，进而有机会将其中的一些体会通过文字汇集成书，这仍然是一次难得的机会，使得我们受益匪浅。

在本书的编写过程中，文中的大量图纸的反复修改，主要是由我的同事房钊完成的。新疆大学的买买提·祖农老师，为本书提供了许多精美的照片。在此一并感谢！另外，还要特别感谢东方出版中心领导和戴欣倍编辑，促成了本书的出版。

张恺

2016年8月

参考文献

232

1. 芮乐伟·韩森：《丝绸之路新史》，张湛译，背景联合出版公司，2015年。

2. 米尔咱·海答儿：《赖世德史》，王治来译，上海古籍出版社，2013年。

3. 荣新江：《丝绸之路与东西文化交流》，北京大学出版社，2015年。

4. Serge Salat：《城市与形态》，陆阳、张艳译，中国建筑工业出版社，2012年。

5. 陈震东：《中国民居建筑丛书·新疆民居》，中国建筑工业出版社，2009年。

6. 张胜仪：《新疆传统建筑艺术》，新疆科技卫生出版社，1999年。

7. 新疆师范大学美术学院：《新疆喀什噶尔古城历史文化研究资料篇》，中国建筑工业出版社，2013年。

8. 王树楠：《新疆图志》，清宣统三年 (1911年)。

9. 傅恒等：《西域图志》，清乾隆四十七年 (1782年)。

10. 莎车县地方志编纂委员会：《莎车县志》，新疆人民出版社，1996年。

11. 尼格尔·高尔顿：《分形学》，杨晓晨译，当代中国出版社，

2014年。

12. 罗伯特·沙敦：《一个英国"商人"的冒险，从克什米尔到叶尔羌》，王欣、韩香译，新疆人民出版社，2003年。

13. 奥里尔·斯坦因：《斯坦因中国探险手记》，巫新华、伏霄汉译，春风文艺出版社，2004年。

14. 奥里尔·斯坦因：《斯坦因西域考古记》，向达译，新疆人民出版社，2013年。

15. 张恺：《基于社区特征的南疆维吾尔族历史街区保护与更新策略——以丝路名城莎车为例》，载《城市发展研究》（2015年增刊）。

16. 杜宏茹、刘毅：《我国干旱区绿洲城市研究进展》，载《地理科学进展》，2005年第3期。

17. 胡方鹏、宋辉、王小东：《喀什老城区的空间形态研究》，载《西安建筑科技大学学报（自然科学版）》，2010年第1期。

18. 杨晓丹：《非洲分形之美——评〈非洲分形：现代计算模拟与本土设计研究〉》，载《国际城市规划，2015年第4期。

19. 王海霞：《十二木卡姆在喀什地区的民间传承研究——以莎车县为个案》，新疆师范大学2012届硕士学位论文。

内部资料

1. 上海同济城市规划设计研究院、上海浦东新区规划设计研究院：《莎车历史文化名城保护规划》，2016年。

2. 上海同济城市规划设计研究院：《莎车国王陵、加满清真寺、奥尔达库勒历史文化街区保护规划》，2016年。

3. 莎车县人民政府：《莎车县总体规划（2011—2030）》，2012年。

图书在版编目（CIP）数据

　　莎车古城：历史文化名城的保护与传承/张恺著.
－上海：东方出版中心，2016.12
　　（文化遗产保护与城市规划丛书）
　　ISBN 978－7－5473－1048－9

　　Ⅰ．①莎… Ⅱ．①张… Ⅲ．①文化名城－保护－研究
－莎车县　Ⅳ．①TU984.245.4

　　中国版本图书馆CIP数据核字(2016)第277423号

莎车古城

张恺　著

策划/责编　戴欣倍
书籍设计　陶雪华
责任印制　周　勇

出版发行：东方出版中心
地　　址：上海市仙霞路345号
电　　话：021—62417400
邮政编码：200336
经　　销：全国新华书店
印　　刷：上海书刊印刷有限公司
开　　本：890×1240毫米　1/32
字　　数：162千
印　　张：8
版　　次：2016年12月第1版第1次印刷
ISBN 978－7－5473－1048－9
定　　价：58.00元